KB109390

절멸의 인류사

절멸의 인류사

우리는 어떻게 살아남았는가

부·키

사라시나 이사오 지음 | 이경덕 옮김

지은이 사라시나 이사오更科 功

분자고생물학자. 1961년 도쿄에서 출생했다. 도쿄대학교 교양학부 기초과학과에서 수학 후, 잠시 민간 기업에서 근무했다. 다시 대학으로 돌아와 도쿄대학교 대학원 이학계연구과에서 박사 학위를 받았다. 분자고생물학 전공으로 동물 골격의 진화가 주 연구 분야다. 메이지대학교, 릿쿄대학교, 세이케이대학교, 도쿄가쿠게이대학교 등에서 학생들을 가르쳤고, 쓰쿠바대학교 연구원을 거쳐, 현재 도쿄대학교 종합연구박물관 연구 사업 협력자로 일하고 있다. 진화의 생물학을 주제로 학문 활동뿐 아니라 일반인들을 위한 저술 작업도 꾸준히 하고 있다. 주요 저서로는 고단샤 과학출판상을 수상한 《화석 분자 생물학》을 포함해, 《폭발적 진화》 《우주에서 어떻게 인간이 탄생했을까》 《잔혹한 진화론》 《아름다운 생물학 강의》 등이 있다.

옮긴이 이경덕

대학에서 철학을 전공하며 세상을 이해하는 기본적인 힘을 배웠고, 대학원에서는 세상의 실체를 만나기 위해 문화인류학을 전공했다. 한양대학교 문화인류학과에서 인류의 신화와 의례를 주제로 박사 학위를 받았다. 현재 대학에서 의례와 축제, 신화, 경제인류학 등을 강의하며 학생들과 만나고, 문화에 대한 글을 쓰고 있다. 저서로 《처음 만나는 북유럽 신화》 《우리 곁에서 만나는 동서양 신화》 《어느 외계인의 인류학 보고서》 《유네스코가 선정한 한국의 세계 유산》 등이 있고, 번역서로 《고민하는 힘》 《푸코, 바르트, 레비스트로스, 라캉 쉽게 읽기》 《오리엔탈리즘을 넘어서》 《그리스인 이야기》(전3권) 등이 있다.

절멸의 인류사

2020년 6월 4일 초판 1쇄 인쇄 | 2020년 6월 11일 초판 1쇄 발행

지은이 사라시나 이사오 **옮긴이** 이경덕
펴낸곳 부키(주) **펴낸이** 박윤우
등록일 2012년 9월 27일 **등록번호** 제312-2012-000045호
주소 03785 서울 서대문구 신촌로3길 15 산성빌딩 6층
전화 02-325-0846 **팩스** 02-3141-4066
홈페이지 www.bookie.co.kr **이메일** webmaster@bookie.co.kr
제작대행 올인피앤비 bobys1@nate.com
ISBN 978-89-6051-794-3 03470

책값은 뒤표지에 있습니다.
잘못된 책은 구입하신 서점에서 바꿔 드립니다.

도서의 국립중앙도서관 출판예정도서목록CIP은 서지정보유통지원시스템 홈페이지(http://seoji. nl.go.kr)와 국가자료공동목록시스템(http://www.nl.go.kr/kolisnet)에서 이용하실 수 있습니다. (CIP제어번호: CIP2020021194)

추천의 말

《절멸의 인류사》는 인류 진화에 대한 저자만의 참신한 아이디어와 고고학의 최신 성과를 함께 담아낸 책이다. 그런 면에서 이 책은 근래에 인류의 기원을 주제로 출간된 여러 책들 중에서도 단연 돋보인다. 복잡한 인류 진화의 이야기를 쉽고 적절한 비유로 풀어내어 출퇴근길에 책의 어디를 펼쳐 읽어도 좋을 만큼 간결하고 부담 없다.

영장류에 밀려 숲에서 쫓겨난 인류의 조상, 다산으로 경쟁을 이겨낸 오스트랄로피테쿠스, 현생 인류보다 뇌 용량이 컸지만 결국 멸종된 '연비가 나쁜 자동차' 같은 네안데르탈인 등, 인류의 기원을 다룬 기존의 책에서 보기 힘들었던 독창적인 아이디어가 재미있으면서도 의미 있게 다가온다.

이 책은 인간은 강해서 살아남은 게 아니라 살아남았기에 강해졌다는 단순하지만 울림이 큰 메시지를 전한다. 우리는 이제껏 '만물의 영장'이라는 환상을 배워 왔다. 반면 이 책은 그 말의 헛됨을 지적한다. 인간의 시작은 너무나 미약했다. 하지만 미약했기에 지혜로웠고 협력하여 자손을 양육하며 살아남았다. 수많은 멸종을 피해 살아남은 현생 인류의 자손인 만큼 다음의 성경 구절이 우리에게 사뭇 특별한 의미로 다가온다. '시작은 미약했으나 그 끝은 창대하리라.'

코로나 사태로 인해 반강제적으로 새로운 사회에 내던져진 우리는 멸종을 피해서 살아남은 우리 조상의 지혜를 배울 필요가 있다. 절멸된 수많은 초기 인류와 그 사이에서 살아남은 현생 인류의 이야기는 그동안 세계를 파괴하며 자신만의 시대를 건설했던 우리 모든 호모 사피엔스에 대한 겸손하면서도 분명한 경고가 될 것이다. 인류 문명의 큰 위기를 맞은 현재, 우리에게 경종을 울리는 이 책을 여러분께 추천하고 싶다. 강인욱 경희대학교 교수, 《강인욱의 고고학 여행》 저자

모든 역사는 망한 것들의 기록이다. 세계사는 패망의 역사다. 찬란했던 로마 제국도 망했고, 아시아와 유럽을 주름잡던 몽골 제국도 망했다. 고조선에서 조선에 이르기까지, 한반도에 존재했던 그 많던 왕국들도 모두 망했다. 역사를 배우는 까닭은 어떻게 하면 우리나라가 조금이라도 더 버틸 수 있을지 고민하고 그 방책을 찾기 위해서다.

자연사는 멸종의 역사다. 3억 년 동안 바닷속을 지배했던 삼엽충도 멸종했고 중생대 육상 세계를 지배했던 공룡들도 결국 멸종하고 말았다. 우리가 자연사박물관을 세우고 자연사를 연구하는 것 역시

멸종을 조금이라도 늦추게 할 지혜를 얻기 위해서다. 그런데 자연사 박물관에서 인류를 반추하기란 쉽지 않다. 과거 생물의 거대한 크기와 기괴함에 압도되는데다 인류가 자연사에서 차지하는 비중이 극히 작기 때문이다. 인류에 대한 특별한 관심을 기울일 목적으로 자연사와 세계사의 중간 단계에 인류사가 존재한다.

인류사 역시 망한 것들의 역사여야 한다. 《절멸의 인류사》는 바로 이 점에 주목한 책이다. 700만 년 전 공통 조상에서 갈라진 침팬지와 인류는 각자의 길을 걸었다. 그 사이 침팬지는 그다지 변하지 않았다. 500만 년 전 침팬지나 현생 침팬지나 그게 그것처럼 보인다. 하지만 인류는 혁신에 혁신을 거듭하였다. 사헬란트로푸스에서 아르디피테쿠스, 오스트랄로피테쿠스를 거쳐 등장한 호모속의 다양한 인류종은 혁신의 결과다. 그런데 모두 멸종하고 말았다. 그중 현생 인류인 호모 사피엔스는 살아남아 지구를 지배하고 있다.

분자고생물학자이며 뼈 전문가인 저자는 인류의 진화 과정을 친절하게 보여 주면서 인류 혁신의 요체를 자연스럽게 설명한다. 인류 진화에 관한 최신 이론을 소개함과 동시에 그 복잡한 과정을 명확하게 설명한 책을 나는 일찍이 본 적이 없다. 더불어 지구 가열로 인한 기후 위기에서 호모 사피엔스가 얼마나 버틸 수 있을지, 그러기 위해서는 어떤 자세로 살아야 하는지를 윤리나 도덕이 아닌 과학의 역사와 절멸의 역사를 통해 처절하게 보여 준다. 나는 이 책을 읽고서 용기를 꽤 얻었다. **이정모 국립과천과학관장, 《저도 과학은 어렵습니다만》 저자**

위험에 처했을 때 살아남을 수 있는 방법은 무엇일까? 적을 만난 동물의 반응은 셋 중 하나다. 싸우거나, 도망치거나, 숨거나. 초기 인류는 날카로운 이빨을 가진 포식자와 싸우기엔 너무 약하고, 네발짐승으로부터 달아나기엔 너무 느렸다. 아프리카 초원에는 숨을 곳도 마땅치 않았다. 인류는 이렇게 열악한 조건에서 어떻게 살아남았을까?

지구상 그 어떤 종도 선택하지 않았던 직립 이족 보행이 그 답이다. 수렵 채집으로 먹을 것을 구할 때, 운이 좋은 쪽은 배가 터지게 먹을 수 있고, 운이 나쁜 쪽은 쫄쫄 굶어야 한다. 원시 인류가 두 발로 서서 걸었던 이유는 무엇일까? 남은 식량을 들고 돌아가 함께 나눠 먹기 위해서다. 부족한 자원을 골고루 나눈 덕분에 우리는 함께 살아남았다.

인류가 똑똑하다고 하지만, 네안데르탈인의 뇌는 우리보다 더 크다. 사람보다 신체적으로 강하고 정신적으로도 뛰어났던 네안데르탈인은 왜 절멸한 걸까? 혼자 똑똑한 것과 무리의 성공은 별개다. 홀로 생각해 내는 데에는 한계가 있다. 성공에는 협업이 필수다. 먼저 깨달은 이가 자신이 아는 것을 쉽게 설명하고, 변화를 위한 다수의 동의를 끌어내야 한다. 호모 사피엔스는 머리를 맞대 궁리했고, 그렇게 찾은 답을 다른 사람에게 알리고 후손에게 전함으로써 집단의 경쟁력을 키웠다.

코로나 바이러스는 도시를 건설하고 말로 소통하는 인간의 장점을 치명적인 약점으로 바꿔 놨다. 바이러스로부터 도망치거나 숨거나 싸우는 것도 쉽지 않은 시대, 무엇을 해야 할까? 다가올 미래의 변화를 쉽게 점칠 수 없을 때 우리가 할 수 있는 건 역사의 교훈을 되새기는 일이다. 이 책은 사람이 특별한 존재가 된 두 가지 이유를 파헤친다. 왜 사람이라는 생물의 독특한 특징이 진화했을까? 왜 수많은 원시 인류 가운데 호모 사피엔스만이 살아남은 것일까? 그 답 안에 인류의 절멸을 막아 낼 해법이 있기를 소망한다.

김민식 MBC 피디, 《나는 질 때마다 이기는 법을 배웠다》 저자

주요 인류

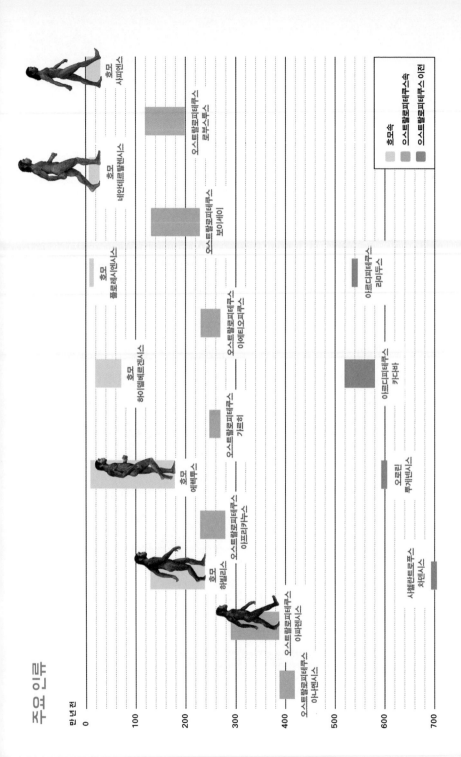

어느 나라에 왕과 신하가 살았다. 왕은 항상 맛있는 걸 먹었다. 하지만 신하는 그럴 수 없었다. 맛있는 게 많을 때는 모든 게 좋았다. 문제는 맛있는 게 적을 때였다. 맛있는 건 왕이 독차지했고 신하는 맛이 없는 것도 불평 없이 먹어야 했다.

왕은 훌륭한 궁전에 살았다. 종종 여행을 떠날 때도 왕은 잘 정비된 도로를 달려 쾌적한 별장으로 향했다. 하지만 신하는 그럴 수 없었다. 왕이 기린을 보고 싶다고 하면 무더운 아프리카에 가서 사자와의 싸움도 불사하며 기린을 잡아 와야 했다. 왕이 황제펭귄을 키우고 싶다고 하면 추운 남극까지 가야 했다.

왕은 늘 한가롭게 지냈다. 하지만 신하는 그럴 수 없었다. 신하는 나라의 재정 관리를 위해 경제학을 배워야 했고, 다른 나라와의 교섭을 위해 외국어를 배워야 했다.

생각해 보면 우리 인류는 신하와 비슷하다. 침팬지와 고릴라 같은 유인원은 왕과 닮았다. 유인원은 삼림森林이라는 궁전에서 살았다. 그곳엔 먹을 것이 풍부했고 육식 동물로부터 공격받을 위험도 적었다. 반면 초기 인류는 나무가 듬성듬성한 소림疏林이나 초원에서 살았다. 삼림과 비교하면 먹을 것이 부족했고 육식 동물로부터 공격받을 위험도 컸다. 인류는 살아남기 위해 여러모로 궁리를 해야 했다. 왜 인류는 결국 쾌적한 삼림을 떠나 불편하고 위험한 곳으로 향했을까?

물론 이 왕국의 신하는 스스로 원해서 신하가 된 게 아니다. 그도 왕이 되고 싶었다. 하지만 왕보다 힘이 약했고, 싸움에서 이기지 못했다. 그렇게 울며 겨자 먹기로 신하가 된 것이다.

아마 인류도 삼림에서 계속 살고 싶었을 것이다. 하지만 아프리카에서 건조화가 진행되며 삼림의 크기가 줄어들었다. 그때 힘이 약하고 나무에 잘 오르지 못했던 인류의 조상은 유인원에게 패해 삼림에서 쫓겨났을 것이다. 그리고 쫓겨난 우리의 조상은 대부분 죽음을 맞이했을 것이다. 그도 그럴 것이,

나무가 듬성듬성한 소림이나 나무가 없는 초원은 불편하고 위험한 곳이었기 때문이다.

그런데 그중에서 살아남은 자가 있었다. 무엇이든 먹을 수 있고 어디서나 살 수 있었던 그는 가까스로 살아남았다. 우리의 조상은 약했지만, 아니 약했기 때문에, 유인원이 갖지 못한 특징을 진화시켜 살아남았다. 그들의 후예가 바로 호모 사피엔스다. 이 책은 이런 우리 조상들의 이야기이다.

한마디 덧붙이자면, 이 책에는 행운이 깃들어 있다. 이는 출판 시점을 두고 하는 말이다. 최근 몇 년 사이에 방사성 탄소 연대 측정법이 정밀해졌고 시료 전처리 방법을 통해 인류의 화석과 유적의 연대가 대폭 수정되었기 때문이다. 수정된 것은 단순히 연대만이 아니다. 우리와 네안데르탈인의 관계처럼 인류사의 중요한 주제도 새롭게 해석되었다. 출판 시점 덕분에 이 책에는 이런 새로운 성과가 충분히 반영될 수 있었다.

이제 우리 조상의 이야기를 시작해 보자.

차례

1부
인류 진화의
수수께끼

2부
멸종한
인류들

3부

호모 사피엔스는
현재 진행 중

서문
우리는 정말 특별한 존재인가

인간과 원숭이

인간과 인간 이외의 생물 사이에는 거대한 장벽이 가로막고 있다. 인간은 개나 고양이에 비해 털의 양이 적고 피부가 매끄럽다. 이야기를 나누거나 비행기를 탈 줄 알고 어려운 것도 생각해 낸다. 다른 모든 생물과도 분명한 차이를 보인다. 인간은 특별한 존재이다. 이것이 대다수의 사람들이 가진 솔직한 생각일 것이다.

이런 생각은 다른 시대와 지역에서도 마찬가지다. 시대와 지역을 초월해서 공유해 온 인식인 것이다. 150년 전 영국에서는 찰스 다윈이 이러한 인식 때문에 어려움을 겪었다. 다윈이 《종의 기원》을 써서 진화론을 제창하자 많은 사람들이 비판의 목소리를 높였다.

다윈의 주장은 다음 세 가지로 정리된다. 첫째, 생물은 진화했다. 둘째, 진화를 통해 종의 분화가 일어났다. 셋째, 자연 선택이 진화의 작동 원리이다. 그렇다면 이 가운데 과연 어떤 것이 많은 독자의 공분을 샀을까?

생물의 진화를 근거로 개구리가 물고기에서 진화했다는 주장에 강한 위화감을 느끼는 사람은 별로 없을 것이다. 진화 과정에서 종의 분화가 일어났기 때문에 코뿔소의 공통 조상으로부터 검은코뿔소와 흰코뿔소가 갈라져 진화했다고 해도 트집 잡는 사람은 별로 없을 것이다. 자연 선택이 진화의 작동 원리이므로 느리게 달리는 사슴은 멸종되고 빨리 달리는 사슴이 살아남았다고 말하면 대다수는 수긍할 것이다. 그렇다면 다윈은 왜 비판을 받은 것일까?

그것은 다윈이 자신의 주장을 인간에게 적용했기 때문이다. 그리고 인간이 원숭이로부터 진화하는 이미지를 사람들의 머릿속에 심었기 때문이다. 인간과 원숭이가 연속적인 존재라는 생각이 들자 사람들은 견딜 수 없었다.

다윈은 이런 반응을 예상했다. 그렇기 때문에 그는 《종의 기원》에서 인간의 진화에 대해서는 거의 말하지 않았다. 사람의 눈과 골반 등에 대해서 몇 가지 언급했을 뿐이다. 책 어디에도 인간이 원숭이 무리에서 진화했다는 말은 없다.

그렇지만 많은 사람들의 시선은 인간의 진화로 향했다. 일부 전문가들은 자연 선택 등《종의 기원》에 담긴 이론 자체를 비판하기도 했다. 하지만 대다수의 독자들은 인간과 원숭이의 연속성, 즉 인간의 조상이 원숭이라는 주장을 받아들일 수 없었기 때문에 다윈을 공격했다.

여러 종류의 인류가 있었다

인간은 정말로 특별한 존재일까? 특별하다면 정확히 어떤 점이 특별할까? 사람들은 아마 커다란 뇌를 가지고 있고 문화와 문명을 만들어 냈다는 점, 직립 보행을 하고 복잡한 언어로 대화를 나눌 수 있다는 점 등을 떠올릴 것이다. 일단 여기에 대해서는 나중에 생각하기로 하고, 먼저 더 근본적인 문제에 대해 생각해 보자. 그것은 계통의 문제이다.

생물학적 종의 분류에 따른 인간의 학명은 호모 사피엔스이며 한국말로는 사람이라고 부른다. 사람과 가장 가까운 생물은 대형 유인원이다. 대형 유인원에는 침팬지, 보노보, 고릴라, 오랑우탄이 속한다. (단순히 '유인원'이라고만 하면 이들 외에 긴팔원숭이류도 포함된다.) 고릴라는 동부고릴라(동부저지대고릴라와 마운틴고릴라 두 아종)와 서부고릴라(서부저지대고릴라와 크로스강고릴라 두 아종) 두 종이다. 오랑우탄은 수마트라오랑우탄과 보르네오오랑우탄, 그리고 2017년에 발견된 타파눌리오랑우탄까지 세 종으로 나눌 수 있다. 따라서 대형 유인원은 모두 일곱 종이다.

현재 지구에 존재하는 모든 대형 유인원의 공통 조상은 약 1500만 년 전에 살았을 것으로 추정된다. 그 공통 조상으로부터 먼저 오랑우탄 계통이 갈라져 나왔고, 뒤이어 고릴라 계통이 갈라져 나왔다. 그 이후 침팬지 계통과 사람 계통이 갈라져 나왔는데, 이때가 지금으로부터 약 700만 년 전으로 추정된다. 침팬지 계통에서는 약 200만~100만 년 전에 보노보 계통이 갈라져 나왔다.

현재까지 알려진 가장 오래된 화석 인류는 약 700만 년 전의 사헬란트로푸스 차덴시스이다. 이 화석 인류는 침팬지 계통과 사람 계통이 분리된 직후 사람 계통에 속하게 된 종으로 여겨진다. 화석 인류는 사헬란트로푸스 차덴시스를 포함해 25종 정도 발견되었다. (이 숫자는 연구자의 해석에 따라 달라진다. 또 발견된 화석은 과거에 살았던 화석 인류의 일부에

절멸의 인류사

불과할 것이기에 실제 종의 수는 더 많을 것이다.) 우리는 이 모든 화석 인류와 오늘날의 사람을 묶어 인류라고 부른다. 즉, 침팬지 계통과 사람 계통이 갈라진 이후 사람 계통에 속한 모든 종을 인류라고 부르는 것이다. (그렇기 때문에 일상 대화에서 사용하는 '인류'와는 그 의미가 조금 다르다.) 현존하는 우리는 25종 이상의 인류 가운데 마지막까지 살아남은 종이다.

이를 다른 관점에서 볼 수도 있다. 사람 계통과 침팬지 계통이 갈라진 이후 침팬지 계통에 속한 종을 침팬지류라고 부르기로 하자. 이들 계통에도 많은 종이 존재했을 것으로 생각된다. 따라서 현재 살아 있는 침팬지와 보노보는 침팬지류에서 살아남은 마지막 두 종이라는 말이 된다.

모두 멸종하고 말았다

당신의 달리기 속도가 매우 빠르다고 가정해 보자. 아마 운동회 달리기 시합에 나가면 1등을 할 것이다. 그런데 당신은 아슬아슬한 차이로 1등을 차지한 것이 불만족스럽다. 압도적인 차이로 더 당당하게 1등을 하고 싶다. 하지만 아무리 연습을 해도 2, 3등과의 차이를 크게 벌리기가 쉽지 않다.

이때 좋은 생각이 떠오른다. 2등과 3등 선수에게 부탁해서 달리기 시합에 나오지 말라고 하는 것이다. 아니, 그보다 아예 25등까지 시합 출전을 포기하도록 해 보자. 그러면 당신의 경쟁자는 26등 이후 선수들이다. 당신은 이제 압도적인 차이로 1등을 차지할 수 있다. 이 계획은 실제로 성공적이었다. 당신은 압도적인 차이를 내며 당당하게 1등을 차지했다. 이때 압승의 이유를 두 가지로 정리할 수 있다. 하나는 당신의 발이 빨랐기 때문이고, 다른 하나는 2등부터 25등까지의 선수가 시합에 출전하지 않았기 때문이다.

글의 첫머리에서 '인간과 인간 이외의 생물 사이에는 거대한 장벽이 가로막고 있다'라고 말했다. 현재 인류, 즉 사람과 가장 가까운 생물은 침팬지와 보노보이다. 따라서 앞의 말을 '사람과 침팬지 사이에는 거대한 장벽이 가로막고 있다'라고 고쳐 쓸 수 있다. 사람과 침팬지의 차이는 크다. 사람은 압도적으로 특별하다.

사람이 압도적으로 특별한 이유는 두 가지로 정리할 수 있다. 하나는 사람이 생물 치고는 독특한 특징을 갖고 있기 때문에, 즉 실제로 어느 정도는 특별한 생물이기 때문이다. 다른 하나는 사람과 가장 가까운 생물로부터 25등까지 모두 멸종되어 26등인 생물(침팬지와 보노보)과 비교할 수밖에 없기 때문이다.

　뇌의 크기를 예로 들어 보자. 사람의 뇌 용량은 1350cc 정도다. 물론 뇌의 크기는 사람마다 다르다. 즉, 변이(동일한 종의 개체들 사이에서 보이는 차이)가 크기 때문에 1350이라는 숫자는 어림잡은 것에 불과하다. 이는 다른 종에서도 마찬가지이다. 한편 침팬지의 뇌는 약 390cc이다. 사람의 뇌는 침팬지의 뇌보다 세 배 이상 크다. 따라서 우리는 이것을 압도적인 차이라 해도 좋을 것이다.

　그러나 옛 인류인 네안데르탈인(뇌 용량 약 1550cc), 호모 하이델베르겐시스(뇌 용량 약 1250cc), 호모 에렉투스(뇌 용량 약 1000cc)가 현재까지 살아 있었다면 어떨까? 더 이상 우리 사람의 뇌가 압도적으로 크다고 말할 수 없게 된다. 네안데르탈인의 뇌는 우리의 뇌보다 컸다. 그리고 우리 중에서 뇌의 크기가 호모 하이델베르겐시스의 1250cc 정도인 사람도 있다. 이렇게 생각하면 사람은 그다지 특별한 존재가 아니다. 참고로 사람이라는 종은 뇌의 크기와 지능 사이에 큰 관계가 없는 듯 보인다. 애초에 지능이라는 것은 측정할 수 없기 때문에 명확하게 말할 수 없지만, 아인슈타인의 뇌가 평균보다 작았다는 것은 유명한 이야기이다.

　앞에서 제시했던, 사람이 특별한 존재인 이유 두 가지가 이 책의 주제다. 왜 사람이라는 생물의 독특한 특징이 진화했을까? 왜 인류 가운데 사람만이 살아남은 것일까? 이 두 개의 의문은 서로 밀접하게 관련되어 있다. 이제부터 그 의문을 꼼꼼하게 살펴보도록 하자.

1부

인류 진화의
수수께끼

1장 ||||||||| 결점으로 가득한 진화

인류와 침팬지의 차이

인류와 침팬지류는 약 700만 년 전에 갈라져 서로 다른 길을 걷기 시작했다. 이 700만 년 동안 인류는 다양한 특징을 진화시켰고 현재의 사람이 되었다. 예를 들어, 인류 진화의 후반부인 약 250만 년 전부터 우리의 뇌가 커지기 시작했다.

그렇다면 침팬지류와 갈라진 이후 인류 계통에서 가장 먼저 진화한 특징은 무엇일까? 화석 기록을 토대로 보면 최초로 진화한 두 가지 특징이 있다. 직립 이족 보행과 송곳니 크기의 축소가 그것이다. 이는 매우 중요한 특징이다. 이 두 가지 특징이 인류와 침팬지류 사이의 본질적인 차이를 만들기 때문이다. 즉, 우리가 침팬지류에서 갈라져 인류가 된 이유를 위의 두 가지 특징에서 찾을 수 있다.

먼저 직립 이족 보행부터 살펴보자. '직립해서 두 발로 걷기'와 '두 발로 걷기'는 다르다. 하지만 흔히들 같은 것으로 착각하기 쉽다. 예컨대 닭이나 캥거루도 두 발로 걷는다. 하지만 몸통을 곧추세워 걷고 걸음을 멈추었을 때 머리가 다리와 일직선상에 오는 동물은 사람밖에 없다.

직립 이족 보행은 어쩌면 그 불편함 때문에 생존에 불리한 특징일지도 모른다. 만약 유리한 특징이었다면 다른 여러 동물 계통에서도 직립 이족 보행의 진화가 일어났을 것이다. 하늘을 나는 능력은 곤충, 익룡, 새, 박쥐 등 여러 계통에서 진화했다. 그런데 직립 이족 보행은 아득할 정도로 기나긴 진화의 역사를 모두 살펴보더라도 인류 이외의 종에서는 보이지 않는다. 좀 이상한 일이지만 인류를 제외하고는 직립해서 두 발로 걷는 동물은 없다.

독일 슈타델 동굴에서 발견된 유적 가운데 '사자 인간 Lion man'이라고 불리는 조각상이 있다. 높이 30센티미터 정도의 이 조각상은 약 3만 2000년 전의 것으로 추정된다. 사자 인간은 머리는 사자, 몸은 사람인 반인반수의 모습을 하

1부 인류 진화의 수수께끼

고 있다. 실제로 존재하지 않는 것을 상상하는 능력이 사람에게 있었음을 보여 주는 가장 오래된 증거들 중 하나로 꼽힌다. 이 조각상의 머리는 분명 사자인 반면 목 아래로는 형태가 다소 조악해서 그 형태만으로는 무슨 동물인지 알기 어렵다. 하지만 우리는 한눈에 이 조각상의 목 아래가 사람이라는 것을 알 수 있다. 두 다리로 직립해 있기 때문이다. 직립해서 두 발로 걷는 자세를 취하고 있는 것이다. 직립 이족 보행을 하는 동물은 사람밖에 없다. 뒤집어 말하면, 직립 이족 보행을 한다면 머리가 다른 동물일지라도 사람처럼 보인다.

직립해서 두 발로 걸었던 유인원이 있었다?

앞에서 직립 이족 보행을 한 것은 인류밖에 없다고 말했는데, 공정함을 위해 반론도 살펴보자. 반론의 근거는 지금으로부터 약 900만~700만 년 전 화석 유인원인 오레오피테쿠스이다. 당시에는 지중해의 섬이었던 이탈리아 토스카나 지방에서 오레오피테쿠스는 직립해서 두 발로 걸었을 가능성이 있다.

먼저 우리의 골격에 대해 생각해 보면, 인류는 척추동물

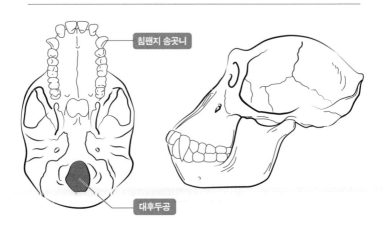

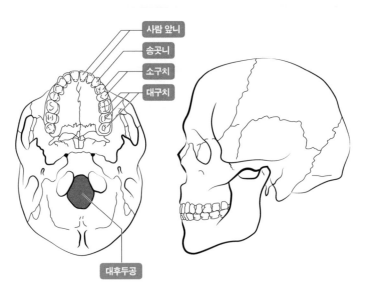

그림 1
침팬지(위)와 사람(아래)에게서 볼 수 있는 대후두공과 송곳니의 차이.

1부 인류 진화의 수수께끼

이기 때문에 당연히 척추뼈가 있다. 그리고 직립 이족 보행을 하기 때문에 척추는 위아래로 뻗어 있다. 척추의 가장 위에는 두개골이 얹혀 있다. 두개골 아래쪽에는 대후두공이라는 커다란 구멍이 있는데, 두개골이 척추와 이어지는 지점에 있는 구멍으로 척수라는 신경이 이곳을 지난다.

사람이 엎드려서 길 때 우리의 얼굴은 지면을 향하게 된다. 대후두공이 두개골의 아래쪽 거의 중앙에 뚫려 있기 때문이다. 이런 자세에서 정면을 보려면 얼굴을 위로 들어야 하고, 오랫동안 이 자세를 취하고 있으면 피로감을 느끼게 된다. 이러한 이유로 네 발로 걷는 동물들의 대후두공은 두개골의 뒤쪽에 뚫려 있다. 그러면 엎드린 자세에서도 편하게 정면을 볼 수 있게 된다.

침팬지나 고릴라의 대후두공도 두개골의 뒤쪽에 있다. 두개골의 가장 뒤는 아니지만, 사람과 비교하면 상당히 뒤쪽에 위치한다. 이것은 침팬지나 고릴라가 기본적으로 네 발로 걷기 때문이다. 종종 일어서기도 하지만 사람처럼 완전히 직립할 수 없고 두 발로 먼 거리를 걷지도 못한다. 침팬지나 고릴라는 기본적으로 네발걸음을 하는 생물이기 때문이다.

이처럼 두개골의 대후두공을 보면 그 종이 직립 이족 보행을 했는지 네발걸음을 했는지 추측할 수 있다. 오레오피테쿠스의 대후두공은 두개골의 아래쪽에 뚫려 있다. 또한 골반, 넙다리뼈, 발목 등도 인류의 그것과 유사해서 직립 이족 보행의 증거가 된다. 이런 전반적인 특징을 근거로 오레오피테쿠스가 인류와 유인원의 중간 정도의 걷기, 즉 불완전하지만 직립 이족 보행을 한 게 아닐까 하는 의견이 있다.

오레오피테쿠스가 직립해서 두 발로 걷기 시작한 이유로 섬에서 살았기 때문이라는 주장이 있었다. 대형 육식 동물이 없는 섬에서는 굳이 나무 위로 도망칠 필요가 없기 때문에 땅으로 내려와 두 발로 걷기 시작했다는 것이다. 직립 이족 보행은 이동할 때 에너지 효율이 높고 낮은 가지에 달린 열매를 손으로 따기에도 편리하다.

하지만 오레오피테쿠스의 손발이 지닌 특징은 그들이 나무 위 생활에 적응했음을 보여 준다. 그래서 오레오피테쿠스에게서 직립 이족 보행의 특징이 나타난 것은 나무 위 가지에 매달려 있을 때만 직립 자세를 취했기 때문이라는 의견도 있다. 완전한 직립 이족 보행은 하지 않았다는 것이다.

안타깝게도 확실한 것은 알 수 없다. 만약 오레오피테쿠스가 직립 이족 보행을 했거나 그와 비슷한 행동을 했다고 해도 그것은 진화의 역사 속에서 순간적으로 일어난 사건에 불과하다. 오레오피테쿠스는 섬이 대륙과 연결되어 대형 육식 동물이 그들의 거주 지역에 나타나면서 멸종했을 가능성이 크다. 그들은 자손을 남기지 못하고 사라졌다. 혹시 이탈리아 일부에서 직립 이족 보행이 진화했다 하더라도 역시 큰 계기가 없는 한 직립해서 두 발로 걷는 것은 정착되기 어려운 모습인 듯하다.

이스트 사이드 스토리는 틀렸다

그렇다면 이렇게 진화하기 어려운 직립 이족 보행이 어떻게 인류에게서는 진화하게 된 걸까? 이것은 인류 진화의 가장 큰 수수께끼이고 그만큼 많은 가설들이 존재한다. 현재는 오류로 판명됐지만, 과거에 유명했던 가설로서 '이스트 사이드 스토리East Side Story'가 있다. 프랑스의 인류학자 이브 코팡(1934~)이 1982년에 내놓은 것으로, 이미 본인 스스로 철회를 표명한 것이다. 과거의 주장이지만 참고할 부분이 있어 여기에 간단하게 소개한다.

아프리카 대륙의 동부에는 남북으로 약 6000킬로미터 넘게 갈라진 균열이 있다. 대지구대大地溝帶라고 불리는 이 균열은 양방향으로 매년 수 밀리미터 속도로 갈라지고 있다. 따라서 아주 먼 훗날 아프리카 대륙은 둘로 나뉘게 될 것이다. 이 대지구대의 중심에는 골짜기가 형성되어 있고 그 양쪽으로는 높은 산맥이 솟아 있다. (참고로 여기까지는 옳다.)

대지구대의 활동이 활발해진 것은 약 800만 년 전이다. 그때부터 땅이 융기해서 높은 산맥이 형성되었다. 이 산맥 때문에 유인원의 서식지가 대지구대의 동쪽과 서쪽으로 분단되었다. 그리고 대서양의 수증기를 품은 편서풍이 아프리카 대륙을 횡단해서 대지구대의 산맥과 만나 서쪽에 많은 비를 내리게 했다. 한편 대지구대의 동쪽은 수증기를 품은 공기가 산맥을 넘지 못해 건조화가 진행되었다.

대지구대의 서쪽에 있는 열대 우림에서는 유인원이 나무 위 생활을 계속할 수 있게 되면서 침팬지나 고릴라로 진화했다. 한편 동쪽은 건조화로 인해 삼림의 크기가 줄고 초원이 넓어졌다. 나무에서 내려와 초원에서 생활하게 된 유인원은 직립해서 두 발로 걷게 되었고 인류로 진화했다.

이것이 이스트 사이드 스토리의 시나리오이다. 이 이야기는 영화로도 만들어진 브로드웨이 뮤지컬 〈웨스트 사이드 스토리〉와 이름이 유사하다는 점에 힘입어 널리 알려졌다. 그러나 대지구대의 서쪽인 아프리카 중앙부에 있는 차드 공화국에서 사헬란트로푸스 차덴시스의 화석이 발견되면서 이 주장은 설 곳을 잃었다.

직립 이족 보행의 가장 큰 단점

그런데 직립 이족 보행과 초원 생활 사이에는 어떤 관계가 있을까? 즉, 직립 이족 보행에는 어떤 장점이 있었던 걸까?

먼저 생각할 수 있는 것은 햇볕이 닿는 면적이 줄어든다는 것이다. 여름 바다에서 해수욕을 하면 어깨나 코가 빨갛게 타게 된다. 그 부위가 어깨나 코 정도인 것은 우리의 몸이 직립해 있기 때문이다. 만약 엎드린 자세로 있다고 가정하면 등 전체가 빨갛게 타서 곤란해질 것이다.

우리 조상이 삼림에 살았다면 나무 그늘에서 쉴 수 있었을 것이다. 그러나 초원에 살게 되면서 그럴 수 없었다. 아프리카의 강렬한 햇볕은 뜨겁게 내리쬔다. 조금이라도 더위를 피하려면 직립해서 두 발로 걸으며 햇볕을 받는 면적을 줄이는 것이 좋다. 적어도 네 발로 걸으며 넓은 등 전체에 햇볕을 받는 것보다는 낫다.

머리 부분이 지면에서 더 멀어져 시원했을 거라는 의견도 있다. 직립 이족 보행을 하게 되면 뜨거운 아프리카 땅에서 올라오는 반사광이나 지열의 영향을 덜 받게 된다는 주장이다. 또 멀리 볼 수 있게 되어 유리하다는 의견도 있다. 초원에서 육식 동물의 공격을 피하려면 조금이라도 빨리 상대를 발견해야 한다. 그러기 위해서는 일어서서 멀리 바라보는 편이 좋다는 것이 이 주장의 핵심이다.

위의 두 가지 모두 그럴듯한 이야기이다. 그렇다면 직립 이족 보행은 이런 장점에도 불구하고 왜 다른 동물들에게서는 나타나지 않았을까? 초원에는 수많은 동물이 있고, 그 중 직립 이족 보행을 하는 종이 있다 해도 이상할 게 하나도 없다. 그런데도 얼룩말이나 누는 여전히 네 발로 걷는다. 초원에 사는 원숭이조차 직립 이족 보행을 하지 않는다. 개코원숭이나 파타스원숭이(긴꼬리원숭이과)도 네 발로 걷는다. 인류 이외 초원에 사는 모든 동물은 마치 직립 이족 보행을 어떻게 해서라도 피해야겠다는 듯 진화해 왔다. 그 이유는 아마도 직립 이족 보행에 치명적인 결점이 있기 때문일 것이다.

직립 이족 보행의 가장 큰 단점은 단거리 달리기에 적합하지 않다는 것이다. 즉, 달리는 속도가 늦다. 만약 산길을 걷고 있는데 큰곰이 나타나면 어떻게 해야 할까? 초원을 걷고 있을 때 표범과 마주친다면? '달려서 도망쳐'라는 조언은 적절하지 않다. 왜냐하면 도망쳐 봤자 곧 붙잡힐 것이기 때문이다. 달리는 속도가 느린 우리는 애초에 달려서 도망치는 걸 포기하게 된다. 육식 동물 중에서 달리는 속도가 느린 편에 속한다는 사자도 올림픽 100미터 달리기에서 금메달을 딴 우사인 볼트보다 빠르게 달린다. 하물며 뚱뚱한 하마조차 우사인 볼트와 비슷한 속도로 달릴 수 있다.

이렇게 생각하면 지금까지 다른 동물이 직립해서 두 발로 걷는 쪽으로 진화하지 않은 것이 이해된다. 일어서서 아무리 멀리 볼 수 있다 해도 일단 육식 동물에게 발견되면 어차피 잡히고 만다. 아무리 빨리 도망쳐도 붙잡혀 잡아먹히게 된다. 그러니 직립 이족 보행으로 진화할 이유가 없다. 앞서 언급한 파타스원숭이는 가끔 두 발로 서서 육식 동물의 유무를 확인한다. 하지만 도망칠 때는 네 발로 재빠르게 달린다.

난산과 직립 보행

앞에서 멀리 볼 수 있다는 것이 직립 이족 보행의 장점이라고 말했다. 하지만 이는 동시에 멀리서도 쉽게 발견된다는 것을 뜻한다. 직립해서 두 발로 걸으면 눈에 잘 띈다. 예를 들면 길이가 수십 센티미터인 풀이 자란 초원을 네 발로 걸으면 풀숲에 몸을 숨길 수 있어서 육식 동물의 눈을 피할 수 있다. 그러나 직립해서 두 발로 걷게 되면 상반신이 풀 위로 드러난다. 일단 발견되면 달리기가 늦기 때문에 도망치는 게 무의미하다. 초원에서 눈에 잘 띄고 달리는 속도도 느린 직립 이족 보행은 육식 동물에게 잡아먹어 달라고 부탁하는 것과 다를 바 없다.

따라서 직립 이족 보행이 초원이 아닌 나무가 듬성듬성 있는 소림에서 진화한 것도 이해가 된다. 만약 우리가 나무가 없는 초원에서 사자에게 쫓기게 된다면, 그걸로 끝이다. 비명을 지르며 전속력으로 달려도 곧바로 붙잡혀 잡아먹히고 만다. 하지만 군데군데 나무가 있다면 사자에게 쫓기더라도 도움을 받을 수가 있다. 일단 나무까지만 가면 바로 올라가면 된다. 예전에는 직립 이족 보행이 초원에서 진화한 것이라고 생각했다. 그러나 실제로 직립 이족 보행은 나무

　　　　　　　　　　1부 인류 진화의 수수께끼

가 있는 환경에서만 진화했다.

참고로 직립 이족 보행의 또 다른 결점으로 요통과 난산이 지적되기도 한다. 상반신을 허리로만 지탱하다 보니 허리에 부담이 가는 것은 사실이다. 그 때문에 무거운 것을 들 때 삐끗하거나 추간판 탈출증에 걸리기 쉽다. 그러나 요통은 대부분 고령에게서 보이는 특징이고 젊은 세대에서는 그 빈도수가 적다. 만약 아이를 낳고 키울 때까지 요통에 시달리지 않는다면 직립 이족 보행이 그다지 불리하게 작용하지는 않았을 것이다.

또 직립하게 되면 내장이 허리 쪽으로 내려온다. 그것을 지탱하기 위해 늑막이 발달했고 산도가 S자 형태로 구부러졌다. 게다가 아이를 낳기 전까지 태아가 밖으로 쏟아지지 않도록 근육이 산도를 막고 있다. 그런데 이 근육이 출산할 때가 되면 방해가 된다. 따라서 초기의 인류도 어느 정도의 난산을 겪었을 것이다.

그러나 본격적으로 난산을 겪게 된 것은 뇌가 커진 이후의 일이다. 산도가 구부러져 있어 태아가 나오기 힘들었는데 머리가 커지면서 더 나오기 힘들어졌다. 다만 인류가 직립해서 두 발로 걷기 시작한 것이 약 700만 년 전이고 뇌가 커지기 시작한 것은 약 250만 년 전이기 때문에 시간적으로는 꽤 거리가 있다. 초기의 인류도 어느 정도는 난산을 겪었겠지만, 오늘날 사람이 겪는 만큼은 아니었을 것이다. 직립 이족 보행의 가장 큰 결점은 역시 느린 달리기 속도와 눈에 잘 띈다는 점이었을 것이다.

그렇다면 인류는 왜 결점이 명백한 직립 이족 보행을 선택했을까? 이 물음에 대답하기 위해서는 인류 초기의 화석을 살펴볼 필요가 있다. 거기에 중요한 힌트가 숨겨져 있을 것이다.

2장 ‖‖‖‖‖‖ 초기 인류가 말하는 것들

네 종류의 초기 인류

1장에서 말한 것처럼 가장 오래된 인류의 화석은 약 700만 년 전의 사헬란트로푸스 차덴시스이다. 몸의 화석은 발견되지 않았으나 거의 완전한 두개골이 발견되었다.

이 두개골을 정면에서 보면 안구가 들어 있었을 두 개의 커다란 구멍이 뚫려 있다. 이것을 안와眼窩라고 부른다. 그리고 안와 위로 차양처럼 돌출된 부분이 있는데 이를 '안와상 융기'라고 부른다. 우리 사람에게는 없는 부분이지만, 고릴라는 멋진 안와상 융기를 가지고 있다. 사헬란트로푸스 차덴시스도 멋진 안와상 융기를 가지고 있고 이것은 그들이 유인원의 특징도 가지고 있음을 알려 준다. 그러나 척수가 지나는 구멍인 대후두공이 두개골의 아래쪽에 뚫려 있는 것으로 미루어 보아 그들은 직립해서 두 발로 걸었거나 그와 비슷한 자세로 걸었을 것이라 추측할 수 있다. 게다가 위턱의 송곳니 크기가 작고 두개골의 형태가 (나중에 다룰) 오스트랄로피테쿠스와 비슷하다는 점 때문에 이 화석이 침팬지류가 아닌 인류에 속한다고 결론 내렸다.

연대상 사헬란트로푸스 차덴시스는 인류가 침팬지류와 갈라진 직후 나타난 종이다. 두개골의 크기로 추정한 뇌 용량은 약 350cc로 침팬지의 약 390cc와 큰 차이가 없다. 사헬란트로푸스 차덴시스 쪽이 침팬지보다 조금 작지만, 앞에서 말한 것처럼 뇌의 크기는 개체 간 차이가 상당하기에 이 정도는 거의 비슷하다고 봐도 좋다.

주목해야 할 것은 함께 출토된 화석이다. 삼림에 사는 콜로부스원숭이의 화석과 함께 뱀, 소, 물고기, 수달 등의 화석도 출토되었다. 이들 화석을 토대로 판단해 보면 사헬란트로푸스 차덴시스가 살던 곳은 삼림보다는 나무가 적은 소림이고 군데군데 호수와 초원이 있는 장소였을 것이다. 즉, 초원과 삼림의 중간쯤 되는 환경이다.

두 번째로 오래된 화석 인류는 오로린 투게넨시스로 약 600만 년 전 케냐의 지층에서 발견되었다. 치아와 아래턱 일부만 발견되었기 때문에 뇌의 크기를 알 순 없으나 송곳니의 크기는 작았다. 여기에 더해 넙다리뼈가 발견되었다. 이 넙다리뼈의 형태가 사람과 비슷했다. 넙다리뼈의 끝은 둥근 모양으로 골두骨頭라고 불리는데 이 골두 부분의 구부러진 정도(넙다리뼈와 골반이 만나는 각도)도 사람과 비슷했기 때문에 오로린 투게넨시스는 직립해서 두 발로 걸었을 가능성이 크다.

여기에 오로린 투게넨시스보다 조금 새로운 인류 화석이 에티오피아에서 발견되어 아르디피테쿠스 카다바라는 이름이 붙었다. 세 번째로 오래된 인류 화석이다. 약 580만~520만 년 전의 여러 지층에서 화석이 발견되었다.

아르디피테쿠스 카다바도 두개골의 윗부분이 발견되지 않아 뇌의 크기는 알 수 없으나 송곳니의 크기는 작았다. 또 발가락뼈 화석이 발견되어 이들이 발끝을 뒤로 젖힐 수 있었다는 사실이 밝혀졌다. 우리 사람은 걸을 때 발가락으로 지면을 뒤로 밀면서 앞으로 나간다. 그때 발끝이 뒤로 젖혀지지 않으면 제대로 걸을 수가 없다. 아르디피테쿠스 카다바도 발끝을 젖힐 수 있었기에 직립 이족 보행에 적응했던 것으로 생각된다. 또 송곳니의 크기가 작고 후대 인류처럼 주걱 모양인 것도 밝혀졌다.

이처럼 침팬지류와 갈라지고 얼마 지나지 않은 초기의 인류도 직립해서 두 발로 걸었던 것 같다. 그러나 화석의 양이 적어서 정확히 어떻게 살았는지 그 상세한 모습을 알 수는 없다.

한편 에티오피아의 약 440만 년 전 지층에서 아르디피테쿠스 라미두스의 화석이 나타났다. 아르디피테쿠스 라미두스는 초기 인류로선 예외적으로 많은 화석이 발견되었고 그중엔 전신에 가까운 골격도 발견되었다. 다리와 골반의 화석으로 판단할 때 아르디피테쿠스 라미두스도 몸을 직립했고 두 발로 걸었을 것이다. 또한 함께 나온 다른 화석으로 판단하건대 소림에 살았던 듯하다. 이런 점에서는 앞서 언급한 가장 오래된 세 종류의 인류와 비슷하다고 말할 수 있다.

아르디피테쿠스 라미두스가 살았던 시대는 인류와 침팬지류가 갈라지고 이미 260만 년 정도가 지났을 때였다. 하지만 그들의 뇌 용량은 약 350cc로 침팬지와 다르지 않았고, 이 외에도 여러 원시적인 특징을 갖고 있었다. 따라서 아직 인류 초기의 모습을 가지고 있었던 아르디피테쿠스 라미

1부 인류 진화의 수수께끼

두스는 인류가 왜 직립 이족 보행을 하게 됐는지에 대한 단서를 제공할 가능성이 있다.

네발걸음과 직립 이종 보행의 중간

그런데 사헬란트로푸스와 아르디피테쿠스 등 초기 인류가 이미 직립 이족 보행을 하고 있었다면 네발걸음과 직립 이족 보행의 중간에 해당하는 종은 없었을까? 인류의 조상이 애초에 네 발로 걸었다는 것은 틀림없는 사실이다. 이후 새우 등을 하고 앞으로 상반신을 구부린 상태에서 두 발로 걷는 쪽으로 진화했고 점점 몸통이 세워지고 마침내 등줄기를 세우고 직립해서 두 발로 걷는 인류가 나타났다고 생각하는 것이 자연스러울 것이다. 유인원에서 인류로 진화하는 모습을 묘사한 그림은 네발걸음에서 직립 이족 보행으로의 변화를 단계적으로 보여 주는 경우가 많다.

그러나 네 발로 걷기와 직립해서 두 발로 걷기의 중간 화석이 발견되지 않았다. 아마 진화가 급속도로 진행되어 화석에 남아 있지 않았을 것이다. 이러한 현상은 이상한 게 아니라 어찌 보면 당연한 것일지도 모른다.

이런 현상의 가능성에 대해 생각할 때 고려해야 하는

것은 개체 수가 적으면 진화가 빨리 일어난다는 점이다. 약 700만 년 이전에 살았던 유인원 집단의 크기가 작아졌다고 해 보자. 개체 수가 적은 경우는 자연 선택보다 유전적 부동 浮動이라는 우연의 효과가 강하게 나타난다. 자연 선택은 생활 조건에 유리한 개체를 늘려서 진화를 진행하기도 하지만 불리한 개체를 제외하고 생물을 현재 상태 그대로 유지하는, 즉 진화를 멈추는 경우가 훨씬 많다. 따라서 자연 선택이라는 브레이크가 약해지면 진화 속도가 빨라지게 된다.

네발걸음에서 직립 이족 보행으로의 진화가 이런 상황에서 일어났다면 이 시기의 인류는 생존 기간이 짧고 숫자도 적다. 따라서 화석이 남기 힘들다. 그 때문에 중간 단계의 화석이 발견되지 않은 것이다.

게다가 네 발로 걷기와 직립해서 두 발로 걷기의 중간에 있는 형태는 새우등을 하고 비틀비틀 걷는 모습이었을 것이다. 네발걸음은 물론이고 직립 이족 보행보다 생존에 불리했을 것이다. 이런 생물이 있다면 곧바로 육식 동물에게 잡아먹혀 멸종될 것이다. 따라서 중간 형태로는 살아갈 수 없다. 네발걸음과 직립 이족 보행에는 적응할 수 있지만, 그 중간은 생존에 불리하고 적응하기도 어렵다. 그리고 현재 직립 이족 보행으로 진화한 것으로 보건대 인류는 중간 형태의 시간을 재빨리 지나쳤을 것이다.

학명에 들어 있는 조상들의 생각

여기서 잠깐 옆길로 새서 학명에 대해 알아보자. 아르디피테쿠스 카다바와 아르디피테쿠스 라미두스는 모두 학명인데 아르디피테쿠스가 공통으로 들어 있다. 아르디피테쿠스는 속명屬名이다. 따라서 이 두 종류가 아르디피테쿠스속에 포함되어 있다는 것을 알 수 있다.

우리 사람이라는 종의 학명은 호모 사피엔스이다. 멸종한 베이징 원인의 학명은 호모 에렉투스이다. 호모 사피엔스와 호모 에렉투스라는 종의 이름에서 '호모'는 속명이다. 즉, 호모 사피엔스라는 종과 호모 에렉투스라는 종은 모두 호모속에 포함된다. 속은 종보다 상위의 분류 단계로서 그 속에 단 한 종만 존재하는 경우도 있지만, 대체로 복수의 종이 포함되어 있다.

여기서 '사피엔스'는 종소명種小名인데, 이 '사피엔스'를 단독으로 사용하는 일은 없다. 따라서 '사피엔스'가 아닌 '호모 사피엔스'가 정확한 종의 이름이다. 종의 이름이 속명과 종소명이라는 두 가지 부분으로 이루어져 있으므로 이런 학명의 표기법을 이명법二名法이라고 한다. '호모'가 속명이므로 '사피엔스'를 종의 이름으로 하면 좋을 텐데 왜 '호모 사피엔스'가 종의 이름이 된 것일까? 왜 이렇게 복잡하고 까다롭게 이름을 붙이게 된 것일까?

그 이유들 중 하나는 학명이 라틴어이기 때문이다. 라틴어는 형용사가 명사의 뒤에 온다. '호모 사피엔스'는 '현명한(사피엔스) 사람(호모)'이라는 뜻이고, '호모 에렉투스'는 '직립한(에렉투스) 사람(호모)'이라는 뜻이다. 호모는 명사이기 때문에 단독으로 사용해도 상관없으나 사피엔스나 에렉투스는 형용사이기 때문에 단독으로 사용할 수 없다.

또 다른 이유는 종의 숫자가 많기 때문이다. 예를 들면 100만 종의 생물에 학명을 붙인다고 해 보자. 먼저 100만 종류의 이름을 생각해 내는 것부터 큰일이다. 그래서 이명법을 사용한다. 이명법을 사용하면 이름을 1000개만 생각해 내도 된다. 이름을 두 개 조합해서 한 종의 이름으로 삼으면 되니까 1000에 1000을 곱해서 100만 종의 학명을 만들 수 있다. 그러나 실제로는 모든 속에 1000종씩 깔끔하게 정리되지 않는다. 따라서 이름을 1000종 이상 생각해 내야 하지만 이명법 덕분에 100만 종류보다는 훨씬 적은 이름으로 정리할 수 있다.

이것을 뒤집어 생각하면 속명이 달라지면 전혀 다른 종이 되지만 종소명이 같은 경우가 생긴다. 그러나 하나의 학명은 하나의 종에 적용되어야 한다. 따라서 종소명만을 사용하지 않고 종의 이름(속명+종소명)을 사용하는 것이다. 종의 이름은 복수의 종에 중복되지 않도록 명명되었기 때문이다.

그렇지만 언어의 사용 방법은 시대와 함께 변화하기 마련이다. 최근 우리 사람을 '사피엔스'라고 종소명만으로 부르기도 한다. 물론 의미만 통하면 불편하지 않기에 애써 흠을 잡을 필요는 없을 것이다. 그렇지만 학명을 라틴어로 한 것에는 명확한 이유가 있다. 언어가 시대와 함께 변화한다는 것은 예부터 알려진 사실이다. 그렇지만 학명은 몇백, 몇천 년이 지나도 계속 사용할 수 있어야 한다. 그렇다면 변하지 않는 언어로 학명을 정하는 게 좋다. 그래서 이제 변화할 일이 없는 죽은 언어, 즉 라틴어를 사용하게 된 것이다. 그런 조상들의 생각을 존중해서 이 책에서도 속명을 생략하지 않고 제대로 종의 이름을 표기하려고 한다.

아르디피테쿠스 라미두스의 특징

아르디피테쿠스 라미두스로 돌아가서, 먼저 직립 이족 보행과 관련된 네 가지 중요한 특징들을 살펴보자.

첫째, 아르디피테쿠스 라미두스의 발에는 장심掌心이 없다. 장심은 발바닥의 안쪽에 있는 움푹 들어간 곳을 가리킨다. 발바닥에 있는 이 아치 모양의 장심은 걷거나 뛸 때 지면이 주는 충격을 흡수하는 역할을 한다. 이 장심이 없으면 움직임이 굼뜨고 먼 거리를 걷기 힘들다. 사람에게는 장심이 있지만 침팬지에게는 없다. 아르디피테쿠스 라미두스에게 장심이 없다는 것은 그들이 능숙하게 걷지 못했음을 알려 준다.

둘째, 아르디피테쿠스 라미두스는 엄지발가락을 크게 넓힐 수 있었다. 엄지발가락을 다른 네 발가락과 마주 보게 해서 물건을 집을 수 있기에 나무 위에서 생활할 때 필요한 특징이다. 손뿐만 아니라 발로도 나뭇가지를 붙잡아야 했기 때문이다. 물론 침팬지만큼 자유롭게 엄지발가락이 다른 네 발가락을 마주 보게 하지는 못했기에 가지를 붙잡는 능력이 조금 부족했을 것이다.

셋째, 팔과 다리의 길이를 비교할 수 있다. 이는 나무 위 생활에 얼마나 잘 적응했는지를 보여 주기 때문이다. 다리의 길이를 100이라 했을 때 사람의 팔 길이는 약 70, 침팬지는 약 106, 고릴라는 약 113이다. 일반적으로 팔이 긴 쪽이 나무 위 생활에 유리하다. 아르디피테쿠스 라미두스는 약 90으로 침팬지와 사람의 중간 정도였다. 나름대로 나무 위 생활에 적응하고 있었던 듯하다.

넷째, 골반의 형태다. 골반은 열다섯 개 전후의 뼈로 이루어져 있는데 그중 두 개의 커다란 뼈를 장골(엉덩뼈), 아래의 두 개의 커다란 뼈를 좌골(궁둥뼈)이라고 부른다. 그리고 두 장골 사이 아래위로 척추가 있다.

먼저 골반 위쪽의 장골부터 보자. 사람의 장골은 폭이 넓고 아래위가 짧다. 폭이 넓으면 몸이 직립할 때 내장을 아래에서 받쳐 지탱하기에 좋다. 아래위가 짧으면 양쪽에서 척추를 붙잡고 있는 장골이 척추와 접하는 부분의 길이가 짧아진다. 그 때문에 척추를 유연하게 움직일 수 있게 되고 몸이 직립할 때 균형을 잡을 수 있다. 반면 침팬지의 장골은 사람과 반대로 폭이 좁고 아래위가 길어서 내장을 지탱하지 못하고 척추도 유연하게 움직일 수 없다.

다음으로 골반 아래쪽의 좌골을 살펴보자. 좌골의 경우 사람은 아래위가 짧고 침팬지는 아래위가 길다. 아래위로 긴 쪽이 허리를 구부린 상태에서 발을 뒤로 뻗기 쉽다. 즉,

네발걸음이나 나무 위 생활에 적합한 특징이라 할 수 있다. 흥미로운 것은 아르디피테쿠스 라미두스의 장골이 사람처럼 폭이 넓고 아래위로 짧았지만 좌골은 침팬지처럼 아래위로 길다는 점이다. 이것은 직립해서 두 발로 걸을 수도 있고 나무 위에서의 생활도 자유롭게 할 수 있었음을 의미한다.

이상의 네 가지 특징을 종합적으로 생각해 보면, 아르디피테쿠스 라미두스는 직립해서 두 발로 걷기는 했지만 사람보다는 걷는 것이 서툴었고, 나무 위에서도 살았으나 침팬지보다는 나무에 오르는 것이 서툴렀다는 말이 된다. 그러나 우리보다 서툴렀다고는 하지만 아르디피테쿠스 라미두스가 등을 굽히고 뒤뚱거리며 걸었던 것은 아니다. 몸을 곧게 세우고 다리를 쭉 뻗고 걸었다. 그것이 직립해서 두 발로 걷는 모습이다. 따라서 이들이 걷는 모양은 침팬지나 고릴라가 걷는 모습과 전혀 다르고 우리가 걷는 모습과 비슷했을 것이다.

초기 인류는 어디서 살았을까

아르디피테쿠스 라미두스는 어디서 살았을까? 여기에 대해 알려 주는 중요한 증거 세 가지가 있다.

첫째, 함께 출토된 화석이다. 아르디피테쿠스 라미두스와 함께 출토된 것은 삼림에 사는 콜로부스원숭이나 삼림에 사는 소과科에 속한 동물 등이다. 또 함께 출토된 곤충이나 나무 열매 등도 함께 고려하면 아르디피테쿠스 라미두스가 살았던 곳은 삼림이나 초원이 가까이에 있는 소림이었을 것으로 생각된다.

둘째, 동위체 비율이다. 예를 들어 자연에서 안정적인 탄소의 약 99퍼센트는 양자 여섯 개와 중성자 여섯 개를 포함한 ^{12}C 탄소 원자이다. 남은 약 1퍼센트는 양자 여섯 개와 중성자 일곱 개를 포함한 ^{13}C 탄소 원자이다. 이 ^{12}C와 ^{13}C의 비율을 탄소의 안정 동위체 비율이라고 부른다. 생물의 몸속에서 탄소의 안정 동위체 비율은 자연계 속 탄소의 안정 동위체 비율과 근소한 차이를 보인다고 알려져 있다. 게다가 삼림의 식물과 초원의 식물을 비교해도 탄소의 안정 동위체 비율이 조금 차이가 난다. 동물에게서 탄소의 안정 동위체 비율은 먹은 식물에 영향을 받는다. 즉, 아르디피테쿠스 라미두스 화석에서 탄소의 안정 동위체 비율을 측정해 보면 그들이 무엇을 먹었는지 알 수 있고 어디서 활동했는지 추측할 수 있다.

연구 결과, 아르디피테쿠스 라미두스는 초원보다 삼림

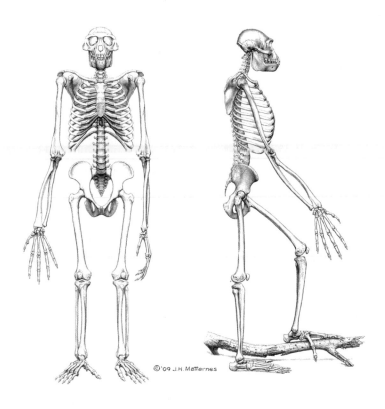

그림 2

아르디피테쿠스 라미두스의 골격. 발가락으로 물건을 집을 수 있다.

Lovejoy, C. Owen., et al., The Great Divides: Ardipithecus ramidus Reveals the Postcrania of Our Last Common Ancestors with African Apes. *Science*, 02 Oct 2009: Vol. 326, Issue 5949.

의 식물을 많이 먹었다는 것이 밝혀졌다. 탄소의 안정 동위체 비율의 측면에서 그들은 침팬지에 가까웠다.

셋째, 이빨의 형태이다. 만약 초원에서 살았다면 단단한 것을 먹어야 했다. 볏과의 식물은 잎에 플랜트-오팔(식물규산체)이 함유되어 있어 거칠다. 또한 모래가 섞인 음식물을 먹기도 했을 것이다. 이런 음식물을 먹기 위해서는 커다란 어금니로 잘게 으깨야 하는데 이때 치아의 표면이 마모된다. 그러나 삼림에서 과일 같은 것을 먹었다면 단단한 음식물을 먹을 필요가 없다. 커다란 어금니도 필요 없고 치아의 표면이 마모될 일도 별로 없다. 아르디피테쿠스 라미두스의 치아를 조사해 본 결과 어금니의 크기가 작고 단단한 음식으로부터 이빨을 보호하기 위해 진화했어야 할 에나멜질도 얇았다. 치아의 표면도 별로 마모되지 않았다. 역시 아르디피테쿠스 라미두스는 초원보다는 삼림의 음식물을 먹는 일이 많았던 것 같다.

덧붙여 말하면 같은 삼림의 음식물을 먹는다고 해도 과일을 많이 먹는 종은 앞니가 커진다. 그런데 침팬지의 앞니는 크지만 아르디피테쿠스 라미두스의 앞니는 눈에 띄게 크지는 않다. 아르디피테쿠스 라미두스는 침팬지와 비교하면 잡식성이었던 듯하다.

아마 아르디피테쿠스 라미두스는 (그리고 다른 세 종류의 초기 인류도) 기본적으로 소림에 살면서 삼림이나 초원도 활동 범위 내에 두고 있었던 듯하다. 그리고 삼림의 음식물을 주로 먹었으나 잡식성이었고 때로는 땅에 떨어진 것도 먹었을 것으로 생각된다. 한편 아르디피테쿠스 라미두스의 신장은 120센티미터 정도로 침팬지와 별반 다르지 않다. 도구를 사용하지도 않았기 때문에 직립해서 두 발로 걷다가 육식 동물의 습격을 받으면 당해 낼 방법이 없었다. 그래서 밤에는 침팬지처럼 나무 위에서 가지와 잎으로 만든 침대 위에서 잠을 잤을 것으로 추정된다.

지금까지 아르디피테쿠스 라미두스를 포함한 초기 인류의 직립 이족 보행에 대해 검토해 보았다. 하지만 직립 이족 보행의 초기 모습은 어렴풋하게나마 드러난 반면, 그들이 직립해서 두 발로 걷기 시작한 이유는 아직 분명하지 않다. 여러 이유가 있겠지만 어쩌면 인류의 또 다른 특징인 송곳니 크기의 축소가 관련이 있을지도 모르겠다.

3장 |||||||||

인류는
평화주의자

침팬지에게는 있고 인류에게는 없는 것

직립 이족 보행과 더불어 인류의 가장 근본적인 특징은 송곳니 크기의 축소이다(그림 1 참고). 그렇다면 왜 인류의 송곳니는 작아졌을까?

그 이유는 송곳니를 사용하지 않게 되었기 때문이다. 사용하지 않는 송곳니를 크게 만들면, 가령 여분의 먹이를 더 먹어야 하는 등, 필요 없는 곳에 에너지를 쓰게 된다. 그럴 이유가 없다. 이렇게 자연 선택에 의해 인류의 송곳니는 작아졌다. 여기까지는 틀림없는 사실이다.

그러나 송곳니를 사용하지 않게 됐다는 것은, 뒤집어 말하면, 그 이전에는 사용했다는 뜻이다. 과연 어디에 사용했던 것일까? 침팬지 수컷은 커다란 송곳니를 갖고 있다. 이른바 엄니다. 이 엄니는 수컷끼리 싸울 때 사용한다. 입을 벌려 엄니를 보여 주는 것만으로 끝나기도 하고, 실제로 이 엄니를 사용해서 싸우기도 한다.

침팬지는 주로 열매를 먹는데 해年나 계절에 따라 열매의 수가 줄어들 때가 있다. 이럴 땐 부족한 열매를 둘러싸고 집단 간 다툼이 생기기도 한다. 또 침팬지는 다부다처 문화로 알려져 있다. 복수의 수컷과 암컷이 난혼 형태의 사회를 이룬다. 따라서 무리 속에서 암컷을 둘러싼 수컷의 싸움이 발생한다. 한편 이런 사회에서는 수컷에 의한 유아 살해가 방지되는 효과가 있다. 수컷의 입장에서, 자신과 교미한 암컷이 새끼를 낳았을 때 그 새끼가 자신의 새끼인지 다른 수컷의 새끼인지를 알 수 없다. 자기의 새끼일지도 모르기 때문에 수컷은 새끼를 죽이지 않는다.

집단끼리든 무리 내에서든 수컷끼리의 싸움은 드물지 않게 상대를 죽일 정도로 매우 격렬하다. 이럴 때 사용하는 것이 커다란 송곳니, 즉 엄니이다. 그런데 인류에게는 이런 엄니가 없다.

말에게 물려도 죽지 않는다

언젠가 승마 동아리 활동을 하는 지인이 말에게 물렸다. 그의 등에는 말의 커다란 이빨 자국이 선명하게 남아 있었다. 몸통을 콱 물렸던 모양이다. 나는 잠깐 동안 말의 그 멋진 이빨 자국을 홀린 듯 바라본 기억이 난다.

그는 구급차를 타지도 않았고 심지어 병원도 가지 않았으며 평소처럼 전철을 타고 귀가했다. 그렇게 큰 동물에게 물렸는데 어떻게 멀쩡할 수 있을까? 그것은 말에게는 엄니가 없기 때문이다. 말은 초식 동물이기 때문에 이빨이 뾰족하지 않다.

사자는 말보다 작은 동물이다. 그렇지만 사자에게 물리면 큰일이 난다. 피부가 찢어지고 피를 흘리다가 죽음에 이른다. 작은 개나 고양이에게만 물려도 큰 문제가 발생한다. 엄니 때문이다. 엄니의 유무에 따라 공격력은 큰 차이가 난다.

종종 살인 사건이 발생하는 텔레비전 드라마를 보게 된다. 수사를 맡은 경찰은 범행에 사용되었을 흉기를 찾는다. (실제 수사에 대해서는 잘 모르지만 적어도 텔레비전 안에서는 그렇다.) 왜 흉기를 찾을까? 그것은 살인을 위해서는 대개 흉기가 필요하기 때문이다. 인류의 몸에는 살인을 위한 흉기가 없다. 만약 엄니가 있다면 흉기가 될 수 있었을 것이다. 그러나 인류는 엄니라는 흉기를 버렸다.

약 700만 년 전에 침팬지류와 인류는 분리되었고 서로 다른 진화의 길을 걷기 시작했다. 침팬지류는 흉기를 계속 갖고 있었다. 그런데 왜 인류는 흉기를 버렸을까? 그것은 인류가 서로 위협하거나 죽이지 않았기 때문이라고 생각하는 것이 자연스럽다. 물론 다툼이 전혀 없었던 것은 아니지만 상당히 온순한 존재가 된 것만은 틀림없다.

동종 내에서 가장 빈번하게 일어나는 싸움은 암컷을 둘러싼 수컷들 간 싸움이다. 일부다처나 다부다처의 사회에서는 수컷들의 싸움을 없애는 일이 어렵다. 한편 일부일처의 사회에서는 암컷을 둘러싼 수컷의 싸움이 심하지 않다. 그렇다면 인류가 일부일처 사회를 만들었고 따라서 동종 내의 싸움이 크게 줄어든 것일까?

지금까지의 이야기를 이어 보면 다음과 같은 시나리오를 만들 수 있다.

'아프리카에서 살았던 유인원 가운데 일부일처나 그와 유사한 사회를 만들었던 종이 약 700만 년 전에 나타났다. 그 종은 동종 내에서 거의 다툼을 벌이지 않았고 따라서 송곳니의 크기가 작아졌다.'

과연 이 시나리오는 옳을까? 행동이나 사회에 관한 증거는 화석에 남지 않기 때문에 확정하기 어렵다. 그렇지만 상황 증거 정도라면 얼마든지 모을 수 있다. 거기에 더해 만약 이 시나리오가 성립된다면 직립 이족 보행을 둘러싼 수수께끼를 푸는 데도 한 걸음 더 다가갈 수 있다. 이제부터 이 시나리오를 검토해 보자.

대형 유인원의 송곳니와 사회 형태

먼저 인류와 가까운 유인원부터 살펴보자. 인류와 가장 가까운 유인원은 침팬지와 보노보다. 이들은 인간과의 유전적 차이(DNA 염기 배열이 서로 다른 비율)가 약 1.2퍼센트밖에 되지 않는다. 다음은 고릴라로 인간과의 유전적 차이가 약 1.5퍼센트이다.

앞에서 침팬지의 송곳니가 크다고 했는데, 보노보나 고릴라의 송곳니 역시 크다. 보노보의 송곳니는 침팬지나 고릴라와 비교하면 작은데 그것은 몸의 크기와 관련 있을 것이다. 한편 보노보의 치아 가운데 송곳니는 다른 것보다 크고 인간의 치아 배열과 전혀 다르다. 참고로 보노보 암컷의 키는 약 80센티미터이고 몸무게는 약 40킬로그램 정도인데 침팬지 암컷의 키는 약 85센티미터이고 몸무게는 약 50킬로그램으로 보노보보다 조금 더 크다. 고릴라의 암컷은 키가 약 180센티미터에 몸무게가 180킬로그램 정도로 보노보나 침팬지보다 훨씬 크다.

인간과 유인원의 송곳니는 크기뿐 아니라 모양도 다르다. 인간의 송곳니는 마름모꼴이고 높이는 다른 치아와 비슷한 수준이다. 따라서 설사 문다고 해도 치아의 형태가 남을 정도의 심한 상처를 내기 힘들다. 엄니로서 전혀 역할을 하지 못하는 것이다. 반면 침팬지, 보노보, 고릴라의 송곳니는 원뿔형이 조금 휘어진 모양으로 이른바 엄니의 전형적인 형태를 하고 있다. 다른 이빨보다 송곳니가 높게 튀어나와 있기에 이들에게 물리면 큰 상처가 날 수 있다.

사회 형태를 보면 보노보는 침팬지와 마찬가지로 다부다처의 형태로 무리를 이룬다. 고릴라는 대개 일부다처의 형태로 무리를 이룬다. (마운틴고릴라들의 경우는 혈연관계의 암컷이 여럿 있는 다부다처의 행태로 무리를 이룬다.) 따라서 침팬지처럼 보노보나 고릴라도 암컷을 차지하기 위해 수컷들끼리 경쟁을 한다. 그러나 보노보나 고릴라가 침팬지만큼 격렬하게 싸우는 일은 드물다. 고릴라 무리에서 수컷끼리의 싸움이 발생하면 암컷이나 나이 많은 수컷이 중재에 나서 싸움을 끝내는 일도 있다고 한다. 그렇다고 고릴라가 싸우지 않는다는 뜻은 아니다. 일단 수컷끼리 싸움이 발생하면 엄니로 물어뜯으며 싸운다. 이때 물린 고릴라는 피투성이가 되어 죽는 일도 있다.

보노보의 경우는 다툼이 일어날 듯하면 서로의 성기를 문질러 긴장을 해소하려 한다. 그들만의 화해 방식이다. 그 때문에 무리 속 수컷들끼리, 또는 다른 무리와 조우했을 때도 싸움이 거의 일어나지 않는다. 극히 드물게 싸우는 경우도 있지만 죽음에 이를 정도로 격렬하게 싸우는 일은 없다. 보노보는 침팬지나 고릴라보다 평화로운 종이다. 그렇지만 인간만큼 포기하지는 않았다. 인간은 보노보보다 몸이 크지만, 송곳니는 보노보보다 작다. 이런 점에서 인류는 보노보 이상으로 평화로운 생물이다.

인류의 송곳니는 왜 작아진 걸까

공정하게 반론도 들여다보자. 인류의 송곳니가 작아진 이유가 단단한 것을 먹기 위해서라는 의견도 있다. 단단한 것을 깨서 먹기 위해서는 가로 방향으로 씹는 운동이 필요하다. 가로 방향으로 이를 움직일 때 송곳니가 다른 치아보다 튀어나와 있으면 방해가 된다. 그래서 송곳니가 작아졌다는 주장이다.

그러나 아르디피테쿠스 라미두스 정도의 초기 인류의 화석을 봐도 가로 방향으로 씹는 운동이 발달했던 흔적이 없다. 위턱과 아래턱의 송곳니를 비교하는 것도 이 주장에 대한 반론이 된다. 가로 방향의 씹는 운동에 방해가 된다면 위턱의 송곳니도 아래턱의 송곳니와 마찬가지로 작아져야 한다. 한편 무기로 사용할 때는 아래턱보다 위턱의 송곳니가 더 필요하다. 따라서 수컷들 간 싸움의 양상이 온화해진 것이 원인이 되어 송곳니가 작아졌다고 한다면 먼저 위턱의 송곳니가 작아져야 한다. 실제로 초기 인류의 송곳니를 조사해 보면 위턱의 송곳니가 먼저 작아졌다는 것을 알 수 있다. 따라서 송곳니가 작아진 원인은 식성의 변화도 얼마간 관계가 있겠지만 수컷끼리의 싸움이 잦아들었기 때문이라 생각하는 것이 더 합리적이다.

수컷끼리의 다툼에서 격렬함의 정도는 무리 속 수컷과 발정이 난 암컷(교미 가능한 암컷)의 비율과도 관련이 있다. 수컷끼리의 다툼이 격렬한 침팬지 무리는 5~10마리의 수컷에 암컷이 1마리인 비율이다. 반면 보노보의 경우에는 2~3마리의 수컷에 암컷 1마리로 수컷과 암컷의 비율이 크게 차

1부 인류 진화의 수수께끼

이 나지 않는다. 그 때문에 수컷끼리의 다툼이 심하지 않다. 한편 우리 인간은 유인원과 달리 발정기가 없다. 따라서 언제든지 교미를 할 수 있다. 게다가 수유 기간에도 교미를 할 수 있다. 그 결과 수컷과 암컷의 비율이 1대 1에 가까워졌다. 이것이 수컷과 암컷의 결속을 강하게 만들어 준다고 한다. 침팬지의 암컷은 발정기가 되면 성기 주변의 피부가 충혈되어 팽창한다. 팽창한 피부는 밖에서도 확실하게 보이기 때문에 그 기간에는 암컷 주변에 많은 수컷이 모여든다. 이래서는 암컷과 오래 관계를 맺는 것이 불가능해진다.

현재의 인간에게는 발정기가 없다. 어쩌면 초기 인류에게서도 발정기는 없었을지 모른다. 추측에 추측을 얹는 느낌이지만, 이미 초기 단계에서 발정기가 사라졌다면 수컷과 암컷의 비율이 1대 1에 가까워졌을 것이고 수컷끼리의 다툼도 줄어들었을 것이다. 그렇다면 송곳니가 작아진 것도 설명이 된다.

그리고, 상세한 것은 4장과 5장에서 다루겠지만, 초기 인류는 먹을 것을 운반하고 그것을 분배했던 것으로 생각된다. 그렇다면 먹을 것을 둘러싼 다툼도 줄어들었을 것이고 일상은 더 평화로워졌을 것이다.

멸종한 생물의 행동을 추측하는 것은 매우 어려운 일이

다. 그러나 초기 인류의 화석뿐만 아니라 현재의 인간과 유인원의 분석 자료를 종합해 보면 인류가 평화로운 종이라는 사실은 틀림없어 보인다.

4장 ∥∥∥∥ 삼림에서 초원으로

소림보다 삼림이 더 살기 좋다

침팬지는 삼림에 살면서 나뭇잎, 곤충, 작은 동물 등을 먹는데 주식은 열매다. 가끔 초원에 나갈 때도 있지만 삼림에서 멀리 벗어나는 일은 없다. 삼림에서 벗어나면 육식 동물로부터 습격을 당할 수도 있고, 밤에는 삼림으로 돌아와 나무 위에 있는 침대에서 잠을 자야 하기 때문이다.

보노보도 삼림에서 살면서 나뭇잎을 먹는데 곤충이나 작은 동물은 별로 먹지 않는다. 주식은 역시 열매다. 열매는 씨앗이 동물들을 통해 옮겨지도록 발달한 것이다. 그 때문에 열매는 동물이 먹기 쉽다. 한편 나뭇잎, 나무껍질, 뿌리 등은 동물의 먹이가 되면 안 되기 때문에 셀룰로스와 같은 단단한 섬유가 많고 그래서 먹기도 힘들다.

고릴라도 삼림에 살면서 열매를 즐겨 먹는다. 그러나 열매보다 많은 나뭇잎, 나무껍질, 뿌리도 자주 먹기 때문에 식량이 풍부해졌고 몸도 커진 것으로 추정된다. 고릴라가 침팬지나 보노보와 비교해서 튼튼한 턱과 긴 위장을 가진 것도 섬유질이 많은 음식을 먹을 때 도움이 될 것이다. 원래 고릴라의 식성은 지역에 따라 편차가 있다. 서부저지대고릴라나 동부저지대고릴라는 침팬지 이상으로 열매를 먹는 것으로 알려져 있다.

한편 초기의 인류는 삼림도 활동 범위로 삼았지만, 기본적으로는 소림에서 살았고 초원에도 발을 들여놓았다. 삼림과 비교하면 소림이나 초원처럼 개방된 장소는 먹을 것이 적고 포식자가 많아서 위험했다. 유인원처럼 삼림에 사는 쪽이 살아가기에 편했을 것이다. 왜 인류의 조상은 그런 불편한 곳에서 살게 된 것일까?

인류는 삼림에서 쫓겨났다

오늘날 멧돼지 같은 야생 동물이 종종 사람들이 사는 인가로 내려오는 일이 있다. 물론 멧돼지가 마을에서 맛있는 것을 많이 먹고 싶다는 희망을 품고 내려오는 건 아니다. 오히려 산에서 먹을 것이 줄어들자 공복을 견디지 못해 내려온 것일 테다. 어쩔 수 없이 인가로 내려오는 것이다. 일반적으로 동물은 먹을 것이 많고 살기 좋은 장소가 있으면 그곳을 버리지 않는다. 다른 장소로 옮겨 갈 때는 그곳에 계속 있을 수 없는 이유가 있는 것이다.

초기의 인류가 직립 이족 보행을 시작했을 때 이와 유사한 상황이었을지도 모른다. 당시 아프리카는 건조화가 진행되어 삼림이 감소하고 있었다. 유인원 중에서도 나무를 잘 타는 개체와 그렇지 않은 개체가 있었을 것이다. 먹이가 많이 있으면 나무를 잘 타지 못해도 곤란할 일이 없다. 그러나 삼림이 줄어들면 상황은 달라진다. 나무를 잘 타는 개체가 먹이를 전부 먹어 버리기 때문에 나무를 잘 타지 못하는 개체는 배를 채울 수 없게 된다. 그렇게 되면 나무를 잘 타지 못하는 개체는 삼림에서 나올 수밖에 없다. 그렇게 소림이나 초원으로 내쫓긴 대다수는 죽음을 맞이했을 것이다. 그러나 그 가운데에서도 살아남은 개체가 있었다. 그것이 인류다.

초원에서는 육식 동물에게 습격을 당하면 도망칠 방법이 없다. 그렇지만 소림이라면 어떻게 해서든 나무가 있는 곳으로 도망치면 그 위로 올라가 살 수 있다. 삼림에서 내쫓긴 인류는 살아남기 위해 소림을 중심으로 생활을 시작했을 거라 추정된다

가설은 이치에 맞는 것에서 그치면 안 된다

현재의 영장류 중에서 삼림이 아니라 개방된 환경에서 살았던 종들이 있다. 그들의 생활 방식을 조사해 보면 초기 인류의 생활 방식을 추측하는 데 도움이 될 것이다.

현재 초원이나 소림에 사는 영장류(원숭이, 유인원, 인간의 동료)로 개코원숭이가 있다. 개코원숭이는 아프리카 사하라 사막의 남쪽에 널리 서식하며 대형 유인원 다음으로 덩치가 큰 영장류이다. 개코원숭이는 잡식성으로, 땅에 떨어진 것들을 먹는다. 풀, 꽃, 씨앗, 뿌리, 열매 외에 곤충이나 작은 동물이 그들의 먹이다. 아마 초기 인류도 개코원숭이와 비슷한 것을 먹었을 것이다. 열매를 좋아했는지는 모르지만,

잡식성이었을 것이다.

소림이나 초원에는 나무가 드물기에 땅에 내려오지 않고 나무 위로 이동하는 일이 불가능하다. 대부분의 경우 땅으로 내려와 이동해야 한다. 이때 개코원숭이는 네 발로 이동을 하는데 인류는 직립해서 두 발로 이동했다. 이 차이는 어디에서 왔을까?

개코원숭이는 총 다섯 종(개코원숭이속이 아닌 겔라다개코원숭이를 포함하면 여섯 종)으로 이루어져 있는데 모두 일부다처나 다부다처 형태의 사회를 이루고 산다. 한편 초기 인류는, 나중에 다시 말하겠지만, 일부일처 사회를 만들었을 가능성이 크다. 따라서 초기 인류의 수컷은 육아에 협력했을 가능성도 크다. 그렇다면 이들은 암컷이나 새끼에게 주려고 먹을 것을 손에 들고 옮기려 직립해서 두 발로 걷게 된 것은 아닐까? 현재의 보노보가 먹을 것을 손에 들고 두 발로 걷는 일이 있으니 초기 인류도 먹을 것을 들고 걸었다는 생각이 부자연스럽지는 않다.

'수컷이 암컷이나 새끼를 위해 손을 이용해 음식물을 운반하려 직립 이족 보행이 시작됐다'라는 가설을 '음식물 운반 가설'이라고 부르기도 하자. 이 음식물 운반 가설은 그럴듯해 보인다. 하지만 가설이라는 것은 그럴듯해서만은 안 된다.

합정에 사는 친구가 신당에 사는 당신을 보러 온다고 해 보자. 당신은 이렇게 생각한다.

'그는 아마 2호선을 타고 올 거야. 합정역에서 신당역까지 갈아타지 않고 한 번에 올 수 있으니까.'

여기서 '그는 2호선을 타고 합정역에서 신당역으로 왔다'라는 가설은 그럴듯하다. 부자연스러운 곳이 없다. 그러나 이 가설이 정확하다고 확정할 수는 없다. 왜냐하면 이 외에도 그럴듯한 가설들은 있기 때문이다. 예를 들어 6호선을 타도 합정역에서 신당역까지 갈아타지 않고 올 수 있다. '그가 6호선을 타고 합정역에서 신당역으로 왔다'라고 해도 역시 그럴듯한 가설이 된다. 그럴듯한 가설은 여러 개 있을 수 있다.

그럴듯한 복수의 가설들을 하나로 묶기 위해서는 증거가 필요하다. 그가 교통 카드를 사용했다면 그가 사용한 내역이 증거가 된다. 증거가 있으면 그가 2호선을 탔는지 6호선을 탔는지 증명할 수 있다.

그렇다면 증거가 없을 때는 어떻게 해야 할까? (친구에게 직접 물어볼 수 없다고 가정하자.) 그럴 땐 그가 2호선을 탔는지 6호선을 탔는지를 판단하는 데 도움이 되는 간접적인 정보를 찾아야 한다. 예를 들면 그가 시간을 매우 중요하게 생각한다는 것을 알고 있다고 하자. 그렇다면 그는 정거장 수가 적은 2호선을 타고 왔을 가능성이 크다. 물론 그래도 6호선을 타고 왔을 가능성을 버릴 수 없지만, 당신이 알고 있는 모든 정보를 토대로 종합적으로 생각해 보면 '그는 2호선을 타고 왔다'라는 가설을 선택하는 것이 최선이 된다.

진화하는 경우와 진화하지 않는 경우

인류가 어떻게 직립 이족 보행을 하게 되었는지에 대한 가설로 음식물 운반 가설은 그럴듯해 보인다. 그러나 확실한 증거는 없다. 대신 음식물 운반 가설에 힘을 실어 주는 간접 정보가 있다. 그것은 크기가 줄어든 송곳니다. 이제 송곳니 이야기를 해 보자.

생물의 형태와 성질 등 모든 특징을 일괄적으로 형질이라고 부른다. 어떤 개체에 두 가지 조건을 충족시킨 형질이 나타났다고 해 보자. 두 가지 조건은 '생존과 번식에 유리한 것'과 '아이에게 유전되는 것'이다. 이 형질을 가진 개체는 다른 개체보다 '생존과 번식에 유리'하며 다른 개체보다 많은 자식을 남길 수 있다. 이 형질은 '아이에게 유전되기' 때문에 그 자식들도 다른 자식들보다 '생존과 번식에 유리'해지고

① 유전하는 변이

동종 개체 사이에 형질의 차이(변이)가 있고 그 차이가 아이에게 유전된다.

② 과잉 번식

실제로 살아남을 수 있는 숫자보다 많은 아이를 낳는다.

③ 성체로 성장하는 자식 수의 차이

부모의 형질 차이에 따라 성체까지 성장하는 자식의 수에 차이가 생긴다.

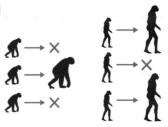

④ 어떤 형질을 가진 개체의 증감

감소했다

증가했다

그림 3
자연 선택의 구조.

다른 아이보다 많은 자손을 남길 수 있다. 이러한 반복을 통해 이 형질은 생물의 집단 또는 종 전체로 퍼져서 결국 모든 개체가 이 형질을 가지게 된다. 이것이 자연 선택에 의한 진화다.

이 자연 선택을 음식물 운반 가설에 적용해 보면 어떻게 될까? 직립해서 두 발로 걸을 수 있게 된 개체는 손으로 물건을 들 수 있게 된다. 그중 한 수컷이 땅 위를 걸어 다니며 먹을 것을 모으고 그것을 암컷과 자식에게 가져간다. 암컷과 자식은 음식물을 먹을 수 있게 되었고 그로 인해 '생존과 번식에 유리'해질 것이다. 그러나 이것만으로는 직립 이족 보행이 시작된 이유가 충분히 설명되지 않는다.

많은 개코원숭이는 다부다처의 사회를 이루고 산다. 이 경우 어떤 암컷이 낳은 아이가 자기 자식인지 알 수가 없다. 따라서 직립해서 두 발로 걸으면서 음식물을 옮겨 '생존과 번식을 유리'하게 만든 아이가 자기의 자식이 아닐 수도 있다. 만약 죽을 고비를 넘기며 먹이를 구해 키운 자식이 자기의 자식이 아니라면 타인의 자식에게는 직립 이족 보행이 유전되지 않기 때문에 그 자식이 살아남아 어른이 되어도 직립해서 두 발로 걷지 못한다. 따라서 직립 이족 보행 개체가 증가하지 않게 된다.

한편 일부일처 사회에서는 어떨까? 이 경우 짝을 이룬 암컷이 낳은 자식은 대부분 자기의 자식이라고 생각해도 좋다. 따라서 직립 이족 보행을 하며 먹을 것을 옮겨 '생존과 번식에 유리'하도록 만든 자식은 자기의 자식이다. 자기의 자식에게는 직립 이족 보행이 유전되기 때문에 그 자식이 살아남아 어른이 되면 두 발로 걷게 된다. 따라서 직립 이족 보행을 하는 개체가 증가하게 된다.

물론 완전한 일부일처가 아니어도 상관없다. 지금까지의 논의를 정리해 보면, '자기의 자식에게는 음식물을 갖다주고 타인의 자식에게는 주지 않는', 즉 어떤 자식이 자기 자식인지 아는 경우에는 직립 이족 보행이 진화하고 '자기의 자식과 다른 사람의 자식에게 모두 음식물을 갖다준', 즉 어떤 자식이 자기 자식인지 모르는 경우에는 직립 이족 보행이 진화하지 않는다는 말이다. 그러나 그 중간인 '자기의 자식과 다른 사람의 자식에게 음식물을 갖다주지만 자기의 자식에게 더 많은 음식물을 준', 즉 대체로 어떤 아이가 자기의 자식인지 아는 경우에도 직립해서 두 발로 걷기는 진화한다. 초기 인류 사회에서 갑자기 일부일처가 성립되지는 않았을 것이다. 아마도 다부다처의 사회에서 일부일처와 같은 짝을 이룬 쌍이 나타나는 중간적인 사회를 거쳤을 것으로 생각된다.

1부 인류 진화의 수수께끼

다른 영장류가 갖지 못한 특징

이처럼 일부일처의 형태를 띤 쌍이 만들어진 것은 매우 드문 일이다. 영장류 중에도 긴팔원숭이처럼 일부일처 형태의 쌍을 만드는 종이 있다. 하지만 이런 종은 짝을 이루어 떨어져 살며 집단생활을 하지 않는다. 복수의 수컷과 암컷으로 이루어진 집단 속에서 짝을 이루는 것은 어려운 일인 모양이다. 긴팔원숭이가 짝을 이룬 두 마리로 따로 살 수 있는 것은 그들이 삼림에 살고 있기 때문이다. 삼림은 위험이 적은 환경이어서 집단을 이루어 육식 동물을 경계하거나 쫓아낼 필요가 적다.

한편 소림이나 초원처럼 위험이 많은 환경에서는 개코원숭이처럼 집단생활을 하지 않으면 살기 힘들다. 그리고 집단생활을 하면서 일부일처의 형태로 짝을 이루는 건 어려운 일이다. 인류 이외에는 없다. 집단생활을 하면서 짝을 만든 것은 인류가 처음이다.

집단생활을 하면서 짝을 만드는 것과 직립해서 두 발로 걷는 것 모두 다른 영장류에게는 나타나지 않는 인류만의 특징이다. 그래서 어쩌면 집단생활 속의 일부일처제와 직립 이족 보행은 서로 관련이 있을지도 모른다. 이렇게 추론해 보면 일부일처의 사회에서는 음식물 운반 가설은 무리 없이 성립되고 직립 이족 보행이 진화했음을 짐작할 수 있다.

인류의 송곳니는 작아졌다. 이 사실은 인류가 일부일처제나 그와 유사한 사회를 만들었다는 걸 알려 준다. 확정적으로 말할 수는 없지만, 음식물 운반 가설은 직립 이족 보행이 진화한 이유 가운데 가장 타당한 것이라 할 수 있다.

5장 |||||| 인류는 이렇게 탄생했다

우리의 조상은 침팬지가 아니다

지금까지 우리가 송곳니의 크기가 작아지는 쪽으로, 또한 직립 이족 보행을 하도록 진화했음을 살펴보았다. 즉, 인류의 탄생에 대해 살펴본 셈이다. 인류가 탄생했다는 것은 인류가 되기 전의 조상에서 인류로 진화했음을 의미한다. 그런데 어떻게 변화했는지를 알기 위해서는 인류와 인류가 되기 전의 조상을 비교해 보지 않으면 안 된다. 인류가 되기 이전의 조상에 대해 모르면 인류의 탄생에 대해서도 말할 수 없다.

인류가 되기 전의 조상을 추측할 때 인류와 가장 가까

운 생물인 침팬지류를 참고하는 경우가 많다. 그러나 여기에도 한계가 있다. 인류와 침팬지류가 갈라진 것은 700만 년 전의 일이었다. 그것은 '인류와 침팬지류의 공통 조상'이 약 700만 년 전에 존재했음을 뜻한다. 그로부터 인류는 약 700만 년 동안 진화를 계속해서 현재의 우리가 만들어졌다. 따라서 '인류와 침팬지류의 공통 조상'과 인간은 형태나 행동이 매우 다른 생물이라는 말이 된다.

한편 침팬지류 역시 진화를 계속해 왔다. '인류와 침팬지류의 공통 조상'이 인류와 다른 길로 약 700만 년 동안 계속해서 진화했고 침팬지나 보노보가 태어났다. 따라서 '인류와 침팬지류의 공통 조상'과 현재의 침팬지나 보노보는 형태나 행동이 매우 다른 생물이다. 생각해 보면 너무나 당연한 말이지만, 우리의 조상은 침팬지나 보노보가 아니다. 그렇다면 우리 인류의 조상은 어떤 생물이었을까?

인류의 조상도 도구를 사용했다

'인류와 침팬지류의 공통 조상'은 침팬지가 아니다. 그러나 '인류와 침팬지류의 공통 조상'이 어떤 형질을 갖고 있었는지 추측할 때 침팬지의 형질이 도움이 되기도 한다. 그것은 침팬지 이외의 현생 대형 유인원이 그 형질을 지니고 있을 때이다. '인류와 침팬지류의 공통 조상'이 대형 유인원이었다는 점이 확실하기 때문에 대형 유인원이 공유하고 있는 형질이 '인류와 침팬지류의 공통 조상'에게도 남아 있을 가능성이 크기 때문이다.

그렇다면 먼저 도구의 사용부터 검토해 보자. 침팬지는 잘 알려진 것처럼 도구를 사용한다. 흰개미의 집에 가지를 밀어 넣고 낚시하듯 가지에 붙은 흰개미를 먹거나 단단한 열매껍질을 편평한 돌 위에 얹고 다른 돌을 망치처럼 내리쳐 부수기도 한다. 또 나뭇잎을 씹어서 스펀지처럼 만들어 나무 틈새에 고인 빗물을 빨아들여 물을 마시기도 한다.

고릴라는 도구를 사용하지 않는 듯하지만, 오랑우탄은 가지를 사용해서 단단한 껍질 속의 열매를 꺼낸다는 것이 알려져 있다. 야생의 보노보는 거의 도구를 사용하지 않고 나뭇가지나 나뭇잎으로 몸을 털어 내는 정도지만 사육을 하게 되면 침팬지에 뒤지지 않을 정도로 도구 사용 능력을 발휘한다.

이런 도구의 사용은 태어날 때부터 지닌 게 아니라 성장해 가는 도중에 습득하는 것이다. 따라서 도구의 사용은 지역에 따라 달라지고 세대를 초월해서 계승된다는 측면에서 문화라고 불러도 좋다.

이처럼 도구를 사용하는 능력은 대형 유인원의 일반적인 특징이라 생각되기 때문에 '인류와 침팬지류의 공통 조상'도 도구를 사용했을 것이라 가정하는 것은 자연스럽다. 인류가 도구를 사용했다는 가장 오래되고 명확한 증거는 약 330만 년 전의 석기이다. 그러나 그 이전부터 나뭇가지나 나뭇잎처럼 썩어서 흔적을 남기지 않는 도구를 만들었거나 돌을 가공하지 않은 채로 도구로 사용했을 것이다.

일본원숭이는 먹을 것을 나누지 않는다

일본의 관광지 '원숭이 산'에 있는 것은 대부분 일본원숭이들이다. 이 일본원숭이는 아무리 관찰해 보아도 동료와 먹을 것을 나누는 일이 없다. 초원에 사는 개코원숭이도 먹을 걸 나누지 않는다. 그러나 고릴라는 수컷이 열매를 따서 암컷이나 자식에게 나눠 주는 일이 있다. 침팬지나 보노보에게서도 고릴라와 비슷하게 음식물을 나누는 걸 볼 수 있다. (다만 유인원 이외에도 타마린Tamarin 등 음식물을 나눠 먹는 영장류가 있다.)

이처럼 음식물의 분배는 자기 자식이나 자기 자식을 돌

보는 암컷뿐만 아니라 다른 수컷에게도 이루어진다. A라는 수컷이 자신과 혈연관계가 아닌 B라는 수컷에게 음식물을 나눠 주는 행동은 B의 '생존과 번식을 유리'하게 해도 A의 '생존과 번식에 유리'하지는 않기 때문에 이런 행동은 진화하지 않아야 한다. 그러나 실제로 진화했기 때문에 나름대로 이유가 있을 것이다. 그 가능성 가운데 하나가 '사회관계의 구축'이다.

고릴라는 기본적으로 일부다처 사회를 이루지만 무리 속에 복수의 수컷이 있을 때도 있다. 침팬지나 보노보의 수컷은 자기가 태어난 무리를 평생 떠나지 않는다. 이런 사회에서 상위(사회적 지위가 높은)에 있는 수컷이 무리를 잘 이끌어 가려면 자기의 힘만으로 우위를 차지하기가 힘들어진다. 암컷뿐만 아니라 하위(사회적 지위가 낮은)의 수컷을 아군으로 만들 필요가 있다. 그 협력 관계를 만들기 위해 음식물이 사용될 가능성이 있다는 말이다.

다만 이들 유인원은 어쩔 수 없이 먹을 것을 분배하는 것으로 보인다. 상대의 요구가 없으면 나눠 주지 않고, 나눠 주는 경우에도 크기가 다른 두 개가 있으면 작은 쪽을 준다고 한다.

현생 유인원도 음식물을 분배하고 있기에 '인류와 침팬

지류의 공통 조상'도 음식물을 분배했을 가능성이 크다. 만약 그렇다면 초기 인류 사이에서 손으로 음식물을 들고 암컷이나 자식에게 가져다주는 행동이 진화했다고 해도 부자연스럽지 않다.

너클 보행의 복잡한 사정

원숭이 산에서 일본원숭이가 네 발로 걷는 모습을 보면 손바닥을 지면에 대고 걷는 것을 알 수 있다. 이것이 영장류의 일반적인 보행 방법이다. 그런데 침팬지나 고릴라는 주먹의 바깥쪽을 지면에 대고 걷는다. 이 보행 방법을 너클 보행이라고 부른다. (엄지 이외의 네 손가락은 두 개의 관절에 의해 세 부분으로 나뉜다. 가운데 부분을 중간 마디라고 부르는데, 너클 보행은 정확하게는 엄지 이외의 네 손가락의 중간 마디를 지면에 대고 걷는 방법이다.) 보노보도 너클 보행을 한다. 반면 오랑우탄은 너클 보행을 하지 않는다. 너클 보행과 비슷하게 걷기는 하지만 그때에도 주먹을 쥘 뿐이다.

너클 보행을 하는 현생 대형 유인원이 있기에 '인류와 침팬지류의 공통 조상'도 너클 보행을 했을 것이라 생각하고 싶다. 그러나 너클 보행은 사정이 좀 복잡하다.

침팬지나 고릴라는 손으로 가지를 잡고 능숙하게 몸을 아래로 매달릴 줄 안다. 그 때문에 팔이 발달했고 팔이 다리처럼 길다. 손바닥과 손가락을 포함한 손 전체도 길다. 또 손가락을 구부려 손을 갈고리 모양으로 만들어 가지에 매달리기 위해 손가락과 손목뼈에 보강 구조가 있다. (너클 보행을 하지 않는 오랑우탄에게는 이 구조가 없다.) 그러나 상반신이 발달해 있는 반면에 허리가 짧고 허리뼈(허리 부분의 척추)가 네 개밖에 되지 않는다. 중신세(약 2300만~530만 년 전)의 많은 화석 유인원의 허리뼈가 대개 여섯 개이기 때문에 침팬지나 고릴라의 조상도 허리뼈가 여섯 개였을 것이다. 그러나 그 이후 침팬지나 고릴라는 허리뼈의 수를 줄이는 쪽으로 진화해서 네 개가 된 것이다. (참고로 현재 많은 인간의 허리뼈는 다섯 개지만 드물게 여섯 개인 사람도 있다.)

침팬지와 고릴라의 너클 보행은 이처럼 매달리는 일이 많은 나무 위 생활에 적응하기 위해 생겨났을 가능성이 크다. 매달리는 삶에 적응하면 손에서 팔의 안쪽 근육이나 힘줄이 짧아지고 손목을 바깥쪽으로 구부릴 수 없게 된다. 그렇게 되면 일본원숭이처럼 손바닥을 지면에 대고 걸을 수 없게 된다. 그래서 너클 보행을 하게 되었을 것이다.

그런데 초기 인류인 아르디피테쿠스 라미두스에게는 이

그림 4
너클 보행을 하는 저지대고릴라.

매달리는 형태의 특징이 없다. 아르디피테쿠스 라미두스는
팔보다 다리가 길고 손바닥도 짧으며 손목의 보강 구조도
없다. 그리고 허리도 길고 허리뼈는 여섯 개였다. 아마 아르
디피테쿠스 라미두스는 중신세 유인원의 일반적인 네발걸
음의 특징을 그대로 계승했을 것이다. 하지만 아르디피테쿠
스 라미두스도 나무 위의 생활에 적응했지언정 침팬지처럼
매달리는 형태는 아니었을 것이다.

1부 인류 진화의 수수께끼

아마 인류와 침팬지류의 공통 조상은 네 발로 걸었을 것이다. 인류는 일반적인 네발걸음의 특징을 그대로 이어받았고 거기에서 직립 이족 보행으로 진화를 진행했다. 한편 침팬지류는 인류와 갈라진 다음에 매달리기 형태로 진화했다. 따라서 인류 조상의 모델로 침팬지가 도움이 되기도 하지만 너클 보행이나 매달리기 형태의 나무 위 생활에 관해서는 도움이 되지 않는다. 아마 인류의 조상은 나무 위를 걸어다닐 때 일본원숭이처럼 일반적인 네 발 걷기로 걸었을 것이다.

동일한 진화가 서로 다르게 일어날 수 있다

오늘날 침팬지와 고릴라는 모두 매달리는 것에 능숙하고 너클 보행을 한다. 그것은 만약 인류와 침팬지류의 공통 조상이 일반적인 네발걸음을 했다면 능숙하게 매달리는 능력과 너클 보행은 침팬지와 고릴라 사이에서 서로 다르게 진화했다는 의미가 된다. 과연 이런 일이 일어날 수 있을까?

결론부터 말하면 가능하다. 중신세의 화석 유인원 가운데 시바피테쿠스가 있다. 시바피테쿠스는 약 1000만 년 전의 유인원으로 오늘날의 오랑우탄과 닮은 독특한 얼굴을 하고 있다. 인간, 보노보, 침팬지나 고릴라로 이어지는 계통과 오랑우탄으로 이어지는 계통은 이미 약 1500만 년 전에 갈라졌을 것으로 추정되고, 따라서 시바피테쿠스는 오랑우탄으로 이어지는 계통에 속한 것으로 추정된다. 아마 시바피테쿠스는 오랑우탄의 조상이거나 그와 가까운 유인원이었을 것이다.

오랑우탄의 행동 양식은 침팬지나 고릴라처럼 매달리는 것에 능숙하다. (하지만 너클 보행은 하지 않는다.) 그런데 오랑우탄의 조상(또는 그와 가까운 종)이라고 추정되는 시바피테쿠스의 화석에는 능숙하게 매달릴 줄 아는 생물의 특징이 거의 없다.

따라서 오랑우탄이 능숙하게 매달리는 행동은 침팬지나 고릴라와 다른 진화 과정을 겪었을 것이다. 필요한 조건이 갖춰지면 매달리는 행동이나 너클 보행으로 진화하는 것은 그다지 어려운 일이 아니었을 것이다. 오랑우탄의 능숙하게 매달리는 능력이 독립적으로 진화했다면, 침팬지와 고릴라가 서로 다르게 진화한 것 또한 이상할 것이 없다.

나무에 매달리면 등뼈가 곧게 펴진다. 그 때문에 매달리기가 필요한 나무 생활에서 직립 이족 보행으로 진화했다고 생각하던 시기도 있었다. 그러나 그렇지는 않은 것 같다.

1부 인류 진화의 수수께끼

인류의 조상은 도구를 사용하고 먹을 것을 나누었으며, 너클 보행이 아닌 일반적인 네발걸음을 하며 나무 위에서 살던 유인원이었다. 그것은 침팬지와는 다른 유인원이었다. 그 유인원에서 시작해 700만 년 동안 인간과 침팬지가 진화했다. 인간은 침팬지에서 진화한 것이 아니다. 침팬지가 인간에게서 진화하지 않은 것과 마찬가지다.

2부

멸종한
인류들

6장

잡아먹힌 만큼 낳으면 된다

오스트랄로피테쿠스와 필트다운인

이제까지 살펴본 네 종류의 화석 인류가 살았던 시대는 약 700만~440만 년 전이었다. 그 후 약 420만 년 전부터는 다음 시대의 인류인 오스트랄로피테쿠스가 출현한다.

아르디피테쿠스 라미두스의 화석이 나온 약 440만 년 전의 지층에서는 오스트랄로피테쿠스의 화석이 전혀 발견되지 않았다. 이와 마찬가지로 가장 오래된 오스트랄로피테쿠스인 오스트랄로피테쿠스 아나멘시스의 화석이 나온 약 420만~390만 년 전의 지층에서는 아르디피테쿠스가 전혀

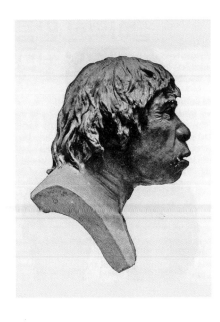

그림 5
필트다운인의 옆모습.

발견되지 않았다. 아마 약 440만~420만 년 전에 아르디피
테쿠스가 멸종하고 오스트랄로피테쿠스가 출현했을 것이
다. 왜 그런 일이 생긴 것일까? 그 의문을 풀기 위해 먼저 오
스트랄로피테쿠스가 어떤 인류였는지 살펴보자.

약 100년 전 일이다. 그때까지는 지금까지 살펴본 네
종류의 초기 인류의 화석이 발견되지 않았다. 호주에서
태어나 남아프리카에서 살았던 해부학자 레이먼드 다트
(1893~1988)는 1925년에 남아프리카 공화국 타웅의 석회
암 채석장에서 발견한 화석을 오스트랄로피테쿠스 아프리

카누스라는 이름을 붙여 발표했다. 채석장에서 발견했기 때문에 정확한 연대를 알 수 없었지만 약 250만 년 전의 화석일 것이라 주장했다.

그것은 유아의 두개골 화석으로, 타웅 아이라고 불렸다. 작은 뇌와 튀어나온 턱 등 유인원적인 특징을 갖고 있었지만 작은 송곳니, 두개골 아래쪽에 있는 대후두공, 낮은 안와상 융기 등 인간과 비슷한 특징도 갖고 있었다. 그래서 다트는 이 화석을 유인원이 아닌 인류라고 결론을 내렸다.

그러나 이 결론은 많은 인류학자들로부터 인정받지 못했다. 아프리카 출신 고고학자 리처드 리키(1944~)는 이 주장이 인정받지 못한 이유들 중 하나가 유인원과 같은 화석을 인류의 조상이라고 하는 것에 대한 불쾌감이었다고 말한다. 다윈의 《종의 기원》이 출판된 지 60년 이상 지났지만, 여전히 인간이 원숭이의 친구로부터 진화했다는 것에 불쾌감을 느끼는 사람이 적지 않았던 모양이다.

두 번째 이유는 필트다운인의 화석이었다. 이 화석은 영국 필트다운의 채석장에서 발견되었다. 필트다운인은 아래턱이 유인원과 매우 흡사했기 때문에 인류가 유인원과 분리된 직후 나타난 아주 초기의 인류일 것으로 생각되었다. 그러나 이 화석은 가짜였다. 인간의 두개골에 오랑우탄의 아래턱을 끼워서 색깔을 입히고 이를 깎아 내서 만든 것이었다. 필트다운인 화석의 발견에 관여한 것은 변호사인 찰스 도슨과 대영 박물관의 아서 스미스 우드워드, 신학자인 피에르 테야르 드 샤르뎅이었다. 이들 가운데 화석을 날조한 주동자가 누구인지는 아직도 밝혀지지 않았다. 아무튼 1912년에 필트다운인이 학회에 보고되자 많은 과학자들은 그것을 진짜라고 믿었다.

그럴 수밖에 없었던 가장 큰 이유는 많은 연구자들이 화석 자체를 가지고 연구할 수 없었기 때문이다. 실제로 연구에 사용된 것은 대개 석고로 만든 복제품이었다. 물론 복제라도 화석의 연구는 가능했기에 일반적으로 문제될 것은 없다. 그러나 진짜 화석을 보지 않으면 가공된 것인지 아닌지 확인할 수가 없다.

다트의 결론이 인정받지 못하도록 한 또 다른 요인도 있었다. 오스트랄로피테쿠스 아프리카누스는 아프리카에서 발견되었지만 필트다운인은 영국에서 발견되었다. 유럽의 인류학자들은 유럽의 화석 인류가 인류 진화 연구의 선두에 서길 원했을 것이다. 유럽의 인류가 앞섰고 아프리카의 인류는 뒤져 있었다고 생각하고 싶었을 것이다.

다른 편견 가운데 하나는 뇌의 크기에서 생겼다. 오스

트랄로피테쿠스 아프리카누스는 뇌가 작았다. 따라서 오스트랄로피테쿠스 아프리카누스가 인류라고 하면 직립 이족 보행이 먼저 진화했고 뇌가 커진 것은 나중에 일어난 일이 된다. 그런데 필트다운인의 경우는 턱은 유인원과 닮았는데 (오랑우탄의 턱을 그대로 붙였으니 당연한 일이다) 뇌는 컸다. 이 경우 뇌의 크기 증가가 먼저 일어난 일이 된다.

우리 인간의 뇌가 크기 때문에 큰 뇌 용량이 인류의 가장 두드러진 특징이라고 생각하기 쉽다. 따라서 침팬지류와 갈라진 직후에 인류의 뇌가 커졌다고 생각하기 십상이다. 그러나 실제로는 지금까지 살펴본 것처럼 그렇지 않았다.

결국 필트다운인의 실체가 밝혀졌다. 1949년에 필트다운인 화석에 대한 플루오린 측정이 시행되었다. 퇴적물에 묻혀 있던 뼈는 주위에서 플루오린을 끌어모은다. 따라서 오래된 뼈에는 플루오린이 많이 포함되어 있어야 하는데 필트다운인의 화석에서는 플루오린이 거의 나오지 않았다. 필트다운인의 화석은 오랫동안 땅속에 묻혀 있었던 것이 아니었던 것이다. 여러 가지 조사가 이어졌고 필트다운인은 결국 날조라는 사실이 만천하에 드러났다.

물론 날조가 드러나기 전부터 필트다운인에 대한 의심은 높아지고 있었다. 오스트랄로피테쿠스의 화석이 계속 발견되었고 그를 통해 레이먼드 다트의 주장이 힘을 얻었다. 한편 필트다운인의 화석은 1916년에 도슨이 세상을 떠난 이후로는 더 이상 발견되지 않았다.

원시 형질과 파생 형질

오스트랄로피테쿠스 아프리카누스보다 먼저 발견된 화석 인류는 네안데르탈인(호모 네안데르탈랜시스, 1856년)과 자바인(호모 에렉투스, 1891년), 하이델베르크인(호모 하이델베르겐시스, 1907년)뿐이었다. 이들 모두 우리 사람과 동일한 호모속에 분류되었다. 그러나 오스트랄로피테쿠스 아프리카누스는 그보다 훨씬 이전 시대에 살았다. 인류의 특징도 있지만, 유인원의 특징도 적잖이 가지고 있었다. 그렇다면 오스트랄로피테쿠스 아프리카누스는 어떻게 해서 인류라는 판정을 받게 된 걸까?

사람(인류)과 침팬지(유인원)와 오스트랄로피테쿠스 아프리카누스의 형질을 다음처럼 간단하게 정리해서 살펴보도록 하자.

사람

① 큰 뇌   ② 두개골 아래쪽의 대후두공

오스트랄로피테쿠스 아프리카누스

① 작은 뇌   ② 두개골 아래쪽의 대후두공

침팬지

① 작은 뇌   ② 두개골 뒤쪽의 대후두공

오스트랄로피테쿠스 아프리카누스의 두 가지 형질 가운데 인간과 공유하고 있는 형질이 하나, 침팬지와 공유하고 있는 형질도 하나이기 때문에 이것만으로는 어느 쪽에 더 가까운지 알 수 없다. 따라서 오스트랄로피테쿠스 아프리카누스가 인류인지 침팬지인지 결정하기 어려워 보인다. 하지만 그렇지 않다. 바로 결정할 수 있다.

수업 시간을 상상해 보자. 두 명의 학생이 있고 교사가 수업을 진행하고 있다. 교사가 학생들에게 가르친 것은 다음 두 가지이다.

① 세계에서 가장 높은 산은 에베레스트산이다.

② 세계에서 가장 긴 강은 나일강이다.

그리고 교사는 시험을 실시했다. 시험 문제는 다음과 같았다.

① 세계에서 가장 높은 산은 어디인가?
② 세계에서 가장 긴 강은 어디인가?

시험이 끝나고 두 학생의 답은 다음과 같았다.

A : ① 에베레스트산 ② 미시시피강
B : ① 에베레스트산 ② 미시시피강

답안지를 본 교사는 부정행위가 있었다고 생각했다.

교사가 이상하게 생각한 것은 ②에 대한 답이다. 수업 중 칠판에 적은 것은 '나일강'이다. 그런데 칠판에 적지도 않은 '미시시피강'이라는 답을 A와 B가 똑같이 쓰는 것은 자연스럽지 않다. 교사는 두 학생이 서로의 답을 보여 준 것이 틀림없다고 생각했다.

그런데 A와 B의 답을 보면 ①도 일치했다. 그러나 이것은 교사가 칠판에 적은 그대로이기 때문에 부정행위의 증거가 될 수 없다. A와 B가 서로 문제의 답을 보여 줬다고 생각

2부 멸종한 인류들

하는 대신 A와 B가 수업을 들었다고 생각할 수도 있다. A와 B 모두 수업을 절반만 들었다고 생각할 수도 있다. 정리를 해 보면 이런 말이 된다.

A의 답 = B의 답 ≠ 칠판

➔ A와 B가 부정행위를 했다는 증거가 된다.

A의 답 = B의 답 = 칠판

➔ A와 B가 부정행위를 했다는 증거가 되지 않는다.

A와 B가 같은 답을 쓴 경우에 그것이 원본(칠판)과 동일하면 A와 B가 부정행위를 했다는 증거가 되지 않는다. 반면 A와 B가 같은 답을 썼지만 원본(칠판)과 다른 경우는 A와 B가 부정행위를 한 증거가 된다. 이를 오스트랄로피테쿠스 아프리카누스에 적용해 보면 원본(공통 조상)과 동일한 형질(원시 형질)은 계통을 정리하는 근거가 되지 않고 원본(공통 조상)과 다른 형질(파생 형질)만이 계통을 정리하는 근거가 된다는 말이다.

인간, 침팬지, 오스트랄로피테쿠스 아프리카누스의 공통 조상이 가진 형질은 중신세의 화석을 통해 판단해 보면 다음과 같았을 가능성이 크다.

① 작은 뇌
② 두개골 뒤쪽의 대후두공

이 경우 '작은 뇌'는 원시 형질이기 때문에 침팬지와 오스트랄로피테쿠스 아프리카누스가 공유하고 있어도 양자를 계통적으로 가깝다고 볼 수 있는 근거가 되지 않는다. 한편 '두개골 아래쪽의 대후두공'은 파생 형질이기 때문에 인간과 오스트랄로피테쿠스 아프리카누스가 공유하고 있다면 양자가 계통적으로 가깝다는 근거가 된다. 이렇게 원시형질을 무시하고 파생 형질만을 사용해서 계통을 생각하면 쉽게 알 수 있다.

이 경우 오스트랄로피테쿠스 아프리카누스는 침팬지보다 인간과 가깝게 된다. 즉, 오스트랄로피테쿠스 아프리카누스는 인류라고 결론을 내릴 수 있다.

공통 조상
① 작은 뇌   ② 두개골 뒤쪽의 대후두공

2부 멸종한 인류들

사람

① 큰 뇌 ② 두개골 아래쪽의 대후두공

오스트랄로피테쿠스 아프리카누스

① 작은 뇌 ② 두개골 아래쪽의 대후두공

침팬지

① 작은 뇌 ② 두개골 뒤쪽의 대후두공

물론 실제로는 이렇게 간단하게 해결되지 않는 것이 많다. 원시 형질인지 파생 형질인지 알 수 없을 때도 있고 계통적인 형질의 경우 어떤 것을 넣어야 좋은지 판단하기 어려울 때도 있다. 그래서 종합적으로 판단할 필요가 있는데, 다른 형질도 활용해서 판단을 내린 결과 오스트랄로피테쿠스 아프리카누스가 인류라는 것이 틀림없다고 결론을 내린 것이다. 다트가 옳았다.

직립 이족 보행이 능숙해졌다

최초로 발견된 오스트랄로피테쿠스속의 화석은 남아프리

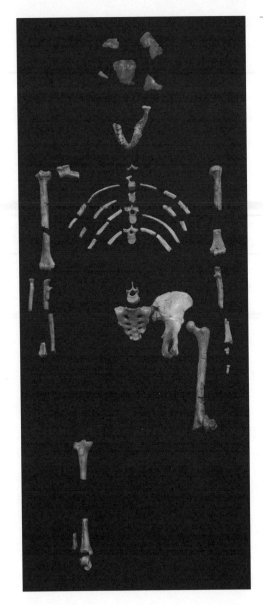

그림 6
발굴된 루시의 화석.

카의 오스트랄로피테쿠스 아프리카누스였다. 가장 오래된 화석은 300만 년 전으로 거슬러 올라간다고 추정되기도 하지만, 약 280만~230만 년 전을 생존 기간으로 보는 것이 일반적이다. 이후 여러 종의 오스트랄로피테쿠스가 발견되었다. 그중에서도 동아프리카의 오스트랄로피테쿠스 아파렌시스는 비교적 화석이 많이 발견되고 연구도 잘 되어 있다. 이들은 약 390만~290만 년 전에 살았던 인류이다.

　오스트랄로피테쿠스 아파렌시스의 화석 가운데에서도 가장 유명한 것은 '루시'라고 불리는 젊은 여성의 화석이다. 루시는 1974년에 에티오피아 하다르의 약 320만 년 전의 지층에서 발견되었다. 인류의 전신 골격은 약 200개의 뼈로 이루어져 있는데 루시는 약 20퍼센트 정도가 남아 있었다. 이는 경이로운 수치였다. (약해서 애초부터 기대할 수 없는 뼈는 계산하지 않을 때도 있고 파편이 된 뼈는 계산하기도 힘들다. 이런 이유로 루시의 전신 골격 중 약 40퍼센트가 발견되었다고 쓴 책도 있다.) 키는 약 110센티미터로 오스트랄로피테쿠스 아파렌시스의 여성 중에서도 작은 편에 속했다. '루시'라는 이름의 유래는 이 대발견을 축하하는 캠프에서 비틀즈의 1967년 발표곡 〈루시 인 더 스카이 위드 다이아몬즈Lucy in the Sky with Diamonds〉를 밤새 크게 틀어 놓고 맥주를 마시며

놀았던 것에서 유래한다고 알려져 있다.

　루시는 훌륭한 화석이었지만 안타깝게도 두개골이 남아 있지 않아 뇌의 크기를 알 수 없었다. 그러나 다른 화석과 비교해서 생각해 보면 오스트랄로피테쿠스 아파렌시스의 뇌 용량은 평균 450cc 정도로 추측된다. 개인 편차가 있기에 확실하게 말할 수는 없으나 침팬지나 초기 인류보다 조금 커진 것이었다.

　오스트랄로피테쿠스는 아르디피테쿠스 라미두스보다도 훨씬 능숙하게 직립 이족 보행을 했던 것으로 보인다. 오스트랄로피테쿠스의 엄지발가락은 현생 인류보다 잘 움직이지만 아르디피테쿠스 라미두스와 비교하면 거의 움직이지 않았다. 엄지발가락의 방향도 다른 발가락과 마주 보지 않고 거의 평행이었다. 이런 형태는 나무 위에서 생활하며 나뭇가지를 붙잡을 때 별로 도움이 되지 않았을 것이다. 또 아르디피테쿠스 라미두스에게는 없었던 발 아래 아치 구조(발바닥의 장심)가 오스트랄로피테쿠스에게는 있었다. 이것은 발이 착지할 때 충격을 흡수하고 발을 뒤로 강하게 밀어낼 때 도움이 된다.

　오스트랄로피테쿠스가 직립 이족 보행에 능숙했다는 또 하나의 증거는 발자국 화석이다. 가장 유명한 것은 1976년 탄자니아의 라에톨리에서 발견된 것이다. 연대가 약 375만 년 전의 것으로, 가장 오래된 인류의 발자국이다. 오스트랄로피테쿠스 아파렌시스의 발자국이라고 생각한 근거는 가까운 곳에서 오스트랄로피테쿠스 아파렌시스의 뼈 화석이 발견되었기 때문이다.

참고로 화석은 세 종류로 나뉜다. 뼈나 조개껍데기와 같은 형체(또는 그 일부)가 남아 있는 것을 체화석體化石, 발자국이나 동굴과 같은 활동의 흔적이 남은 것을 생흔 화석生痕化石, DNA나 동위 원소 비율처럼 생물에 유래하는 분자와 원자가 남은 것을 화학 화석化學化石이라고 부른다.

이 라에톨리의 생흔 화석에는 서너 명의 발자국이 있었는데 주목해야 할 것은 27미터에 걸쳐 두 사람이 나란히 걸은 것처럼 보이는 발자국이었다. 하나는 크고 다른 하나는 작았다. 부모 자식이 사이좋게 걷고 있었을 것이라 상상해 보면 미소가 떠오른다. (물론 진실은 알 수 없다.) 이 발자국으로부터 발바닥의 장심을 확인할 수 있었다. 발바닥의 주인공들은 새처럼 종종거리며 걸은 것이 아니라 제대로 된 걸음새로 걸었던 것으로 보인다.

중요한 것은 하반신

과거 오스트랄로피테쿠스가 나무 위에서 생활했다는 주장도 있었다. 긴 팔과 손가락 형태 능 상반신의 특징에 집중한 의견이었다. 하지만 오스트랄로피테쿠스의 발에는 장심이 있고 엄지발가락은 다른 발가락과 거의 마주 보고 있지 않다. 이것은 분명히 땅 위를 걷기에 적합한 발이지 나무 위에서 생활하기에 적합한 발이 아니다. 즉, 상반신은 나무 위의 생활에 적응했고 하반신은 땅 위의 생활에 적응한 것으로 보인다. 이럴 때는 어떻게 생각하는 게 좋을까?

예전에 원숭이를 사수류四手類라고 부른 적이 있었다. 발로 나뭇가지를 붙잡을 수 있어서 손이 네 개 있는 동물이라는 의미다. 그런 의미라면 인간은 네 손 가운데 두 개는 발이 된 셈이다. 그리고 발로는 나뭇가지를 붙잡을 수 없으나 손으로는 여전히 나뭇가지를 붙잡을 수가 있다. 즉, 인간과 원숭이의 가장 큰 차이점은 손이 아니라 발에 있다. 물론 손도 조금 다르지만 발만큼 다르지는 않다. 따라서 나무 위의 생활인지 땅 위의 생활인지를 판단할 때에는 하반신을 중요하게 생각해야 한다. 아르디피테쿠스 라미두스와 비교하면 오스트랄로피테쿠스가 더 땅 위 생활에 적응했다고 결론을 내

2부 멸종한 인류들

려도 좋을 것이다.

탄소의 안정 동위체 비율을 연구한 결과에서도 오스트랄로피테쿠스가 주로 초원의 음식물을 먹었다는 것이 밝혀졌다. 아르디피테쿠스 라미두스의 탄소의 안정 동위체 비율은 침팬지와 가깝고 주로 삼림의 음식물을 먹었다고 추정되는 것과 대조적이다.

치아를 봐도 오스트랄로피테쿠스가 초원의 음식물을 먹었다는 것이 확실해진다. 오스트랄로피테쿠스의 어금니는 아르디피테쿠스보다 크고 전자 현미경으로 보면 마모된 부분이 눈에 띈다. 아마 오스트랄로피테쿠스는 초원에서 볏과의 단단한 잎과 모래가 섞인 음식물을 먹었을 것이다. 아르디피테쿠스나 오스트랄로피테쿠스 모두 삼림과 소림, 초원에 걸쳐서 살았지만, 오스트랄로피테쿠스가 되면서 초원 생활의 비중이 높아졌을 것이다.

오스트랄로피테쿠스가 소, 양, 염소, 순록 같은 우제류 초식 동물을 먹었다는 것도 밝혀졌다. 에티오피아에서 발견된 약 340만 년 전의 우제류 뼈에서 돌에 의한 상처가 확인되었다. 이것을 인류가 석기를 사용한 가장 오래된 증거로 보는 연구자도 있지만 실제로 석기가 발견되지 않았기 때문에 단순히 돌을 사용했을 가능성도 있다.

그 이후 케냐의 투르카나 해안에서 거의 동시대인 약 330만 년 전의 석기가 대량으로 발견되었다. 원석에서 분리되어 떨어진 작은 조각과 그것이 정확하게 들어맞는 원석이 모두 발견되었기 때문에 그곳은 아마도 석기를 제작하던 곳이었을 것이다.

이 석기의 제작자로 케냔트로푸스 플라티오프스가, 약 340만 년 전 우제류의 뼈에 상처를 낸 주인공으로 오스트랄로피테쿠스 아파렌시스가 후보로 올라 있다. (케냔트로푸스 플라티오프스라는 종을 만드는 것에 반대하는 연구자도 있다. 또한 케냔트로푸스 플라티오프스의 화석 일부는 오스트랄로피테쿠스 아파렌시스라고 하는 편이 좋다는 견해도 있다.) 오스트랄로피테쿠스가 초원에서 초식 동물을 해체해서 먹었다는 것은 확실한 듯하다.

또 오스트랄로피테쿠스의 화석은 아르디피테쿠스의 화석보다 많이 발견되었는데 그것은 퇴적 환경 때문이며 그러한 이유로 아르디피테쿠스의 화석이 후대에 전해지기 어려웠다는 주장도 있다. 예를 들면 삼림에 사는 동물이 죽어서 사체가 삼림의 토양에 묻히면 살이 썩고 뼈도 풍화되고 만다. 삼림에서는 동물 화석이 남기 어렵다는 말이다. 그러나 그 효과를 고려한다고 해도 아르디피테쿠스의 화석보다 오

2부 멸종한 인류들

스트랄로피테쿠스의 화석이 많이 발견되었다. 이를 통해 오스트랄로피테쿠스의 개체 수가 많았던 것이 아닐까 생각해 볼 수 있다.

한편 아프리카는 건조화가 진행되고 있었기 때문에 삼림의 크기가 줄어들었을 가능성이 크다. 억측에 불과할 수도 있지만, 삼림이 줄고 있는데 오스트랄로피테쿠스가 번영해서 사는 곳을 확장했다면 그것은 그들이 나무 위에서 잠을 자지 않았기 때문은 아닐까? 밤이 되면 삼림이나 소림으로 돌아와 나무 위에서 자야 한다면 초원으로 간다고 해도 멀리 갈 수가 없다. 어차피 나무가 있는 곳으로 돌아와야 하기 때문이다. 그러나 나무 위에서 잘 필요가 없으면 그 제약에서 벗어날 수 있다. 그렇다면 행동 범위나 분포를 확장하는 게 가능해진다.

어떻게 몸을 지켰을까

잠시 복습을 해 보자. 직립 이족 보행을 하면 빨리 달릴 수 없다. 머리가 높은 곳에 있어서 멀리 볼 수 있다고 말하는 사람도 있으나, 이쪽에서 멀리 볼 수 있다는 것은 반대로 멀리서 이쪽을 볼 수 있음을 뜻한다. 쉽게 눈에 띄는 것이다.

육식 동물에게 발견되기도 쉽다. 그리고 일단 발견되면 끝이다. 달려서 도망친다 해도 곧 붙잡혀 잡아먹히고 만다. 직립해서 두 발로 걷는다는 것은 불편한 것이다. 따라서 초원에는 수많은 동물들이 살지만 직립 이족 보행으로 진화한 동물은 하나도 없다.

그중 인류는 처음으로 직립 이족 보행을 진화시켰다. 이는 아마도 먹을 것을 두 손으로 옮겨 자식에게 가져다주기 위해서였을 것이다. 하지만 느린 달리기 속도는 피할 수 없는 운명이었다. 따라서 아르디피테쿠스는 육식 동물이 다가오면 나무 위로 도망쳤다. 그리고 나무 위에서 잤다.

여기까지는 어렵지 않다. 그렇다면 오스트랄로피테쿠스가 초원으로 나가면 어떤 일이 벌어질까? 나무 위로 도망칠 수도 없고 아직 무기다운 무기를 만들 줄도 몰랐다. 아이를 키우기 위해 먹을 것을 손으로 운반하는 것이 가능해도 도중에 육식 동물에게 잡아먹히면 아무런 소용이 없다. 이렇게 생각하면 오스트랄로피테쿠스는 곧바로 멸종할 것처럼 보인다. 하지만 그들은 실제로 멸종되지 않았다. 오히려 아르디피테쿠스보다 번영했다. 그렇다면 오스트랄로피테쿠스는 어떤 방법으로 몸을 지켰을까? 이것을 알아보기 위해 현재 아프리카 초원에 사는 개코원숭이가 어떻게 자신을 지키는지 참고해 보자.

개코원숭이가 자기의 몸을 지키는 방법은 크게 네 가지이다. 하나는 몸집을 키우는 것이다. 개코원숭이는 대형 유인원 다음으로 큰 영장류로 체중이 20~24킬로그램 정도 나간다. 몸집을 키우는 것은 그 자체로 방어가 된다. 사자는 어른 코끼리를 공격하지 않는다. 이 점은 오스트랄로피테쿠스에게도 적용된다. 오스트랄로피테쿠스는 개코원숭이보다 조금 더 컸다.

두 번째는 빨리 달리는 것이다. 개코원숭이의 가장 뛰어난 방어 능력은 달리기일지도 모르겠다. 개코원숭이는 영장류 가운데 가장 빠르게 달릴 수 있다. 이 점은 오스트랄로피테쿠스에게 적용할 수 없다. 나중에 살펴보겠지만 오스트랄로피테쿠스속에서 호모속이 되면 직립 이족 보행이 한 단계 더 능숙해진다. 그 호모속에 속한 우리 인간조차 개코원숭이보다 달리기가 느리다. 오스트랄로피테쿠스가 개코원숭이보다 훨씬 느렸던 것은 확실하다.

세 번째는 이빨(큰 송곳니)이다. 표범은 개코원숭이의 포식자이지만 낮에는 개코원숭이를 공격하지 않는다. 개코원숭이가 이빨을 사용해서 반격하기 때문이다. 그래서 표범은 개코원숭이가 자는 밤에 공격한다. 이 점은 오스트랄로피테쿠스에게 적용할 수 없다. 송곳니가 작아서 도움이 되지 않기 때문이다.

네 번째는 무리를 이루는 것이다. 집단의 크기가 커지면 포식자에게 쉽게 노출되지만 자기가 붙잡힐 가능성이 줄어든다. 포식자는 개코원숭이를 한 번에 몇 마리씩 먹지 못한다. 또 하나하나는 약할지라도 무리를 이루어 대항하면 육식 동물을 쫓아낼 수도 있다. 이 점은 오스트랄로피테쿠스에게 적용할 수 있다. 인류의 조상은 인류가 되기 전부터 음식을 분배한 듯이 보이고 인류가 되면서 고도로 협력적인 사회관계를 만들었을 가능성이 있다는 것은 앞에서도 지적했다. 또 아르디피테쿠스와 비교하면 오스트랄로피테쿠스는 뇌의 용량이 조금 늘어났다. 따라서 한층 고도의 협력적 사회 활동이 가능해졌을지도 모른다.

오스트랄로피테쿠스가 집단을 이뤘을 가능성은 충분하다. 개코원숭이 이상의 협력 관계가 있었을 것이다. 수컷들이 협력해서 큰 소리를 지르고 나뭇가지를 휘둘러서 포식자를 쫓아낼 정도가 되었을지도 모른다.

이를 종합해 보면 어떻게 될까? 과연 오스트랄로피테쿠스는 초원에서 살아갈 수 있었을까? 오스트랄로피테쿠스는 덩치가 크고 집단을 이룬다는 장점이 있지만 달리기가 느리고 이빨이 없다는 단점도 있다. 몸을 보호하는 데 중요한 네 가지 요소들 중 개코원숭이와 오스트랄로피테쿠스에게 생존 유무를 결정하는 가장 중요한 것은 초원에 사는 다른 많은 초식 동물과 마찬가지로 빠르게 달리는 능력이다. 달리기가 느린 것은 치명적인 단점이다. 종합적으로 생각해 보면 나무 위에서 생활하던 조상보다 오스트랄로피테쿠스 쪽이 육식 동물에게 잡아먹힐 확률이 높다.

그렇다면 오스트랄로피테쿠스는 어떻게 살아남았을까? 사실 잡아먹혀도 상관이 없었다. 좀 더 엄밀하게 말하면 오히려 잡아먹히는 것이 중요했다. 만약 육식 동물에게 잡아먹히지 않았다면 오스트랄로피테쿠스의 인구가 증가하게 된다. 어느 정도는 육식 동물에게 잡아먹히는 편이 인구를 늘리지 않고 생태계의 균형을 이루는 데 유리했다.

따라서 삼림은 위험한 상황에 처할 가능성은 거의 없고 초원은 위험투성이라고 단정 지으면 안 된다. 삼림에 살든 초원에 살든 위험은 늘 존재한다. 어차피 육식 동물에게 잡아먹히기 마련이다. 삼림에 사는 고릴라가 표범에게 잡아먹히기도 한다. 중요한 것은 삼림에 살았던 조상보다 초원에 살았던 오스트랄로피테쿠스 쪽이 좀 더 많이 잡아먹힌다는 점이다. 요컨대 정도의 문제다. 그렇다면 해결책이 있다. 많이 잡아먹히는 만큼 많이 낳으면 된다. 실제로 초원에 사는 영장류에서는 삼림에 사는 영장류보다 다산의 경향이 보인다. 이런 특징은 인류도 예외가 아니었을 것이다.

왜 인간은 아이를 많이 낳는가

앞에서 살펴본 오스트랄로피테쿠스 아프리카누스의 최초 화석인 타웅 아이의 두개골에는 작은 구멍 여러 개나 있었다. 독수리의 공격으로 추정되는 이 흔적을 통해 타웅 아이는 독수리에게 습격당한 희생자였을 것이라 생각된다. 실제로 오스트랄로피테쿠스는 육식 동물에게 상당히 많이 잡아먹힌 듯하다. 그렇지만 잡아먹힌다고 멸종되는 것은 아니다. 잡아먹혀 줄어든 만큼 아이를 낳으면 된다.

현생 침팬지의 형제자매에게는 연년생이 없다. 침팬지의 수유 기간은 4~5년으로, 그 기간에는 아이를 만들지 않기 때문이다. 매년 아이를 낳는 것은 무리다. 침팬지는 암컷이 홀로 아이를 양육한다. 아이가 젖을 뗄 때까지 아이를 돌봐 줘야 해서 아이 하나가 한계일 것이다. 암컷이 죽었을 때 할머니 등 혈연관계가 있는 개체가 양육한다는 보고도 있지만 그런 경우는 매우 드물다.

그 때문에 침팬지의 출산 간격은 약 5~7년이다. 대개 12~15세 정도부터 아이를 만들기 시작하고 수명이 50년 정도이며 죽을 때까지 아이를 만들 수 있다. 그 결과 평생에 걸쳐 평균 여섯 마리 정도를 낳는 모양이다.

다른 대형 유인원도 수유 기간 내에는 아이를 낳지 않기 때문에 출산 간격이 길다. 고릴라는 10세 정도부터 아이를 낳기 시작해서 출산 간격은 4년이며 오랑우탄은 15세부터 아이를 낳기 시작해서 출산 간격은 7~9년 정도라고 한다.

한편 인간의 수유 기간은 2~3년이다. 수유 기간이 짧을 뿐만 아니라 수유하고 있을 때도 다음 아이를 낳을 수 있다. 인간은 유인원과 달라서 출산하고 몇 개월이 지나면 다시 임신할 수 있는 상태가 된다. 따라서 연년생도 드물지 않다. 인간은 16세부터 40세까지의 기간에 아이를 집중해서 낳을 수가 있다. 프랑스의 왕비였던 마리 앙투아네트의 어머니 마리아 테레지아는 아이를 열여섯 명이나 낳은 것으로 유명한데, 한국이나 일본에서도 최근까지 형제자매의 수가 많은 것이 드물지 않았다. 참고로 내 할머니는 형제자매가 열한 명이었다.

그러나 이렇게 아이가 많으면 어머니 혼자서 돌보는 것이 불가능해진다. 게다가 대형 유인원은 수유 기간이 끝나면 비교적 빨리 독립을 하지만 인간의 경우는 그렇지 않다. 수유 기간이 끝난 뒤에도 독립할 때까지 긴 시간이 필요하고 그 기간 동안 양육을 필요로 한다. 어머니 혼자서는 도저히 할 수 없는 일이다.

그래서 인간은 공동으로 양육을 한다. 아버지는 물론이고 할아버지와 할머니, 그 외의 친척이 양육에 협조하는 일이 자주 있고 혈연관계가 없는 개체가 양육에 협조하는 일도 드물지 않다. 보육원 같은 활동은 새로운 것이 아니라 인류가 아주 예전부터 해 온 당연한 것이었다.

이와 관련해서 '할머니 가설'이라는 것이 있다. 많은 영장류의 암컷은 죽을 때까지 폐경 없이 아이를 계속 낳을 수 있다. 반면 인간에게는 폐경이 존재하고 그 이후로는 아이를 낳지 못하지만, 그 이후에도 오랫동안 삶을 지속한다. 이것은 인간이 공동으로 양육을 해 왔기 때문에 진화한 형질이라는 것이 할머니 가설의 핵심이다. 어머니만으로 아이를 양육할 수 없기에 할머니가 양육을 도우면 그를 통해 아이의 생존율이 높아진다. 그 결과 여성이 폐경 후에도 오랫동안 살 수 있도록, 즉 할머니가 될 수 있도록 진화했다는 말이다.

이 할머니 가설은 매우 그럴듯한 논리를 가지고 있다.

그렇지만 앞에서 설명한 것처럼 가설이라고 하는 것은 맥락이 통하는 것만으로는 부족하다. 맥락이 통하는 것과 사실은 다른 것이다. 할머니 가설을 검증하는 것은 매우 어려운 일이고 현재로서는 확증할 수 없다. 그럴 수도, 그렇지 않을 수도 있는 문제다. 일단 할머니 가설은 제쳐 두고 계속 앞으로 가 보자.

레이 브래드버리의 도깨비 상자

대형 유인원 등 많은 영장류의 양육 방식은 '아이를 낳으면 그 아이가 독립할 때까지 어머니 홀로 전적으로 양육하는 것'이다. 한편 인간의 양육은 '아이를 많이 낳아서 그 아이의 양육을 어머니 홀로 감당하는 것이 아니라 주변 사람의 도움도 받는 것'이다.

예전에 미국의 공상 과학 소설 작가인 레이 브래드버리 Ray Bradbury의 〈도깨비 상자Jack-in-the-Box〉라는 이야기를 읽은 적이 있다. 어머니가 아들을 집에 가둬 놓고 외부와의 접촉을 단절한 채 둘이서만 살아가는 이야기였다. 남자아이와 그 어머니는 집 1층에 살았다. 아침 식사가 끝나면 남자아이는 계단을 올라가 4층에 있는 학교로 간다. 어머니는 엘리

베이터를 타고 먼저 올라가 선생님으로 변장하고 아들을 맞이한다. 아들은 선생님이 어머니라는 것을 모른다. 학교가 끝나면 남자아이는 1층으로 돌아온다. 물론 그곳에는 엘리베이터를 타고 먼저 내려온 어머니가 있다. 아들은 매일 1층과 4층을 왕복하며 그 집이 세계의 모든 것이라고 믿고 자란다. 그런데 남자아이가 열세 살이 되었을 때 사건이 발생한다. 스포일러가 될 수 있으니 그 이후의 이야기는 생략하겠다. 여하튼 그런 이야기이다.

환상적이면서도 무서운 이야기다. 무서움의 이유는 우리가 인간이기 때문이다. 반면 오랑우탄이 이 이야기를 읽었다면 무섭다고 느끼지 않았을 것이다.

오랑우탄은 자식이 5~6살이 되어 자립할 때까지 어머니와 아들 둘이서 생활한다. 비록 바로 근처에 다른 오랑우탄이 있지만 서로 접촉하는 일은 피하는 듯하다. 외부 세계와 연결되지 않고 어머니와 아들만의 밀착된 세계가 몇 년간 계속된다.

따라서 오랑우탄은 '도깨비 상자'와 같은 세계에서 자란다. 그렇지만 그런 세계는 인간에겐 매우 이상한 세계다. 인간 아이는 외부 세계의 여러 사람과 연결성을 갖고 자라는 것이, 즉 공동으로 육아를 하는 것이 당연한 일이기 때문이다.

인간은 다른 개체로부터 양육에 대한 도움을 받기 때문에 다른 유인원보다 아이를 많이 낳을 수 있다. 그렇다면 이 다산성은 언제 진화한 것일까? 만약 오스트랄로피테쿠스의 시점에서 다산성이 진화했다면 초원으로 나가 육식 동물에게 잡아먹힌 만큼의 개체 수를 채울 수 있었을 것이다.

가냘픈 원인과 강인한 원인

삼림과 비교하면 초원은 먹을 것도 적고 육식 동물에게 공격당할 위험도 컸다. 생존에 유리한 조건이 아니었다. 아마 건조화가 진행되면서 삼림의 크기가 감소하고 유인원 가운데 나무타기에 능숙하지 못했던, 혹은 삼림에서의 생활에 능숙하지 못했던 개체가 초원으로 쫓겨났을 것이다. 그러나 오스트랄로피테쿠스는 굳건한 발걸음으로 초원을 걸었고 초원의 음식물을 먹었으며 결과적으로 번영했다. 그리고 오스트랄로피테쿠스는 크게 두 갈래의 계통으로 진화했다. 강인한 원인과 호모속이 그것이다.

강인한 원인은 오스트랄로피테쿠스속에 포함된다. (앞으로 살펴볼 강인한 유인원 세 종을 오스트랄로피테쿠스속이 아닌 파란트로푸스속이라고 주장하는 연구자도 있다.) 강인한 원인과 구별하기 위해 이제까지의 오스트랄로피테쿠스 아나멘시스, 오스트랄로피테쿠스 아파렌시스, 오스트랄로피테쿠스 아프리카누스를 가냘픈 원인이라고 부르기도 하자. 강인한 원인은 가냘픈 원인의 계통(오스트랄로피테쿠스 아파렌시스일 가능성이 크다)에서 갈라져 진화한 것으로 추측된다. 강인한 원인의 화석 가운데 가장 오래된 것은 에티오피아의 약 270만 년 전 지층에서 발견된 오스트랄로피테쿠스 아에티오피쿠스(약 270만~230만 년 전)이다. 이 오스트랄로피테쿠스 아에티오피쿠스로부터 동아프리카에서는 오스트랄로피테쿠스 보이세이라는 강인한 원인이, 남아프리카에서는 오스트랄로피테쿠스 로부스투스라는 강인한 원인이 진화했을 가능성이 크다.

가냘픈 원인과 비교해서 강인한 원인은 치아와 턱이 발달했다. 강인한 원인은 앞니나 송곳니는 작지만 어금니가 매우 발달했다. 폭이 넓고 평탄해서 음식물을 효과적으로 잘게 부술 수 있었다. 또 광대뼈가 옆으로 꽤 돌출해 있어서 깨물근(아래턱을 올리는 근육)을 단단하게 지탱할 수 있었다. 따라서 씹는 힘이 상당히 강했을 것이다. 여기에, 이 또한 씹는 힘과 관계가 있는데, 뺨의 옆에 붙어 있는 거대한 측두근이 정수리 부분까지 이어져 있었다. 두개골의 윗부분에 측두근이 앞뒤로 뻗는 벽처럼 돌출된 것이 화석으로도 확인된다. 이것은 시상능矢狀稜이라고 부르는데 씹는 힘이 강한 현생의 고릴라에게서도 볼 수 있다.

옆으로 돌출된 광대뼈가 상당히 앞으로 나와 있기 때문에 얼굴의 중심이 우묵하게 들어간 것처럼 보인다. 그래서 이러한 형태를 우묵한 낯이라고 부르기도 한다. 정수리 부분은 울트라맨처럼 튀어나와 있어 다른 영장류와 비교해도 상당히 독특한 얼굴 모양을 하고 있었다. 참고로 강인하다는 말의 이미지 때문에 강인한 원인이 고릴라처럼 크다고 오해할 수 있는데 (몸의 화석이 발견되지 않았기 때문에 확실하게 말할 수는 없지만) 키가 120센티미터 정도이며 체중도 30~40킬로그램 정도일 것으로 추정된다. 몸집은 가냘픈 원인과 별로 차이가 없었다.

강인한 원인은 맛없는 것도 먹었다

치아의 형태가 달랐기 때문에 강인한 원인과 가냘픈 원인은 전혀 다른 것을 먹었을 것으로 생각하는 것이 일반적이다. 그러나 사실은 그렇게 간단한 문제가 아니다.

남아프리카에 살았던 오스트랄로피테쿠스 로부스투스

와 오스트랄로피테쿠스 아프리카누스의 치아 표면을 현미경으로 조사해 보면 치아의 마모 형태로 보아 같은 것을 먹었던 것 같다. 그 결과는 탄소의 안정 동위체 비율을 이용한 연구에도 다르지 않게 나왔다. 둘 모두 잡식성이었고 주로 초원에서 비슷한 음식물을 먹은 것으로 보인다.

이 결과에서 연상된 것은 다윈의 핀치라는 갈라파고스 제도에 사는 새에 관한 연구이다. 갈라파고스 제도에는 열 종 이상의 핀치가 사는데 그중 부리가 큰 종과 작은 종이 있다. 부리가 큰 종은 크고 단단한 씨앗을 쪼개서 먹을 수 있다. 부리가 작은 종은 작고 연약한 씨앗밖에 먹지 못한다. 따라서 부리가 큰 종은 크고 단단한 씨앗을, 부리가 작은 종은 작고 연약한 씨앗을 먹을 것으로 생각했다. 그런데 실제는 그렇지 않았다.

영국의 생물학자인 피터 그랜트(1936~)는 끈질긴 연구를 통해 각각의 핀치가 무엇을 먹는지 밝혀냈다. 부리가 큰 핀치와 부리가 작은 핀치 모두 작고 연약한 씨앗을 먹었다. 그렇다면 왜 다른 두 형태의 부리가 진화된 것일까?

그 이유는 섬에 찾아온 심한 가뭄에 있다. 가뭄 때문에 많은 식물이 말랐고 작고 부드러운 씨앗이 줄자 큰 부리를 가진 핀치는 크고 단단한 씨앗을 먹기 시작했다. 부리가 작은 핀치는 그대로 작고 부드러운 씨앗을 찾아내서 먹었다.

가물 때는 식물의 양이 줄기 때문에 평소보다 고통스러울 수밖에 없다. 따라서 큰 부리를 가진 핀치는 쪼개는 데 힘이 들긴 하지만 크고 단단한 씨앗을 먹었다. 한편 부리가 작은 핀치는 찾아내는 게 힘들긴 하지만 계속해서 작고 부드러운 씨앗을 먹었다.

그러나 평소에는 그런 수고를 할 필요가 없다. 작고 부드러운 씨앗이 많을 때는 부리가 크든 작든 씨앗을 찾아내거나 쪼갤 수고를 할 필요 없이 작고 부드러운 씨앗을 먹으면 된다.

강인한 원인도 마찬가지 상황이었을 것이다. 평소에는 강인한 원인이나 가냘픈 원인 모두 비슷한 것을 먹었을 것이다. 그러나 겨울이나 건기처럼 먹을 것이 부족할 때에는 할 수 없이 모래가 섞인 뿌리나 덩이줄기를 먹어야 했을 것이다. 그래서 가냘픈 원인이 살아남기 힘들었을 때도 강인한 원인은 살아남았을 수 있었을 것이다. 실제로 새로운 형태의 인류인 호모속이 나타나고 가냘픈 원인이 멸종한 후에도 강인한 원인은 살아남았다.

단순하게 말하면 가냘픈 원인은 맛있는 것만 먹었다. 강인한 원인은 맛있는 것이든 맛없는 것이든 먹을 수 있는

것은 다 먹었다. 물론 맛있는 것과 맛없는 것이 함께 눈앞에
있다면 강인한 원인도 당연히 맛있는 것을 먹었을 것이다.

다만 같은 강인한 원인 속에서도 종에 따라 먹는 것이
조금 달랐던 듯하다. 지금 살펴본 것처럼 남아프리카의 오
스트랄로피테쿠스 로부스투스는 평소에 가냘픈 원인과 비
슷한 것을 먹은 듯한데 동아프리카의 오스트랄로피테쿠스
보이세이는 그렇지 않은 모양이다. 탄소의 안정 동위체 비율
을 분석한 결과에 따르면 오스트랄로피테쿠스 보이세이는
잡식성이라고 부르기 힘들 정도로 주로 식물을 먹었다. 그
들은 평소에 단단한 사초과莎草科 풀을 먹었던 듯하다.

오스트랄로피테쿠스가 멸종시켰다고?

그렇다면 시간을 되감아서 아르디피테쿠스의 멸종에 대해
생각해 보자. 출토된 아르디피테쿠스의 화석은 약 440만 년
전까지의 것이고, 오스트랄로피테쿠스의 화석은 약 420만
년 전 이후의 것이다. 즉, 약 440만 년 전과 약 420만 년 전
사이에 아르디피테쿠스는 멸종했고 오스트랄로피테쿠스가
출현한 셈이다.

오스트랄로피테쿠스는 소림에서 초원으로 활동 범위를

넓혔고 몇 가지 종으로 분화했다. 그 과정에서 사는 지역이 중첩되는 아르디피테쿠스를 멸종시켰을 가능성은 있다. 가능성은 있지만, 관점을 조금 바꿔 생각해 보자.

현재 북아메리카 대륙의 북부에는 북극곰이 살고 중부에는 큰곰이 산다. 안타깝지만 기후 온난화 영향으로 북극곰이 멸종했다고 가정해 보자. 그리고 이전보다 따뜻해진 북부까지 큰곰이 서식지를 넓혔다고 하자.

북아메리카 대륙의 북부에 사는 곰은 북극곰에서 큰곰으로 교체된 것이다. 하지만 이 경우는 북극곰이 큰곰과의 경쟁에서 패해 멸종한 것이 아니다. 북극곰이 멸종한 원인은 기후 온난화와 먹이인 바다표범의 개체 감소다. 북극곰은 유빙이 줄어들어 이전보다 먼 거리를 헤엄쳐야 했고 범고래에게 잡아먹힐 위험도 증가할 것이다.

큰곰이 북극곰보다 머리가 크기 때문에 씹는 힘이 강할지는 모른다. 그러나 큰곰이 북극곰보다 강하다 하더라도 북극곰의 멸종과는 아무런 관계가 없다. 이렇게 멸종의 원인을 특정하는 것은 매우 어려운 일이다.

지금까지 우리는 진화 과정에서 '뛰어난 것이 이기고 살아남는다'고 생각해 왔다. 하지만 실제로는 그렇지 않았다. '자손을 많이 남긴 쪽이 살아남는다.' 뛰어난 것이 이기고 살아남은 경우는 단 하나뿐이다. 뛰어났기 때문에 자손을 많이 남길 수 있었던 경우다.

아르디피테쿠스뿐만 아니라 사헬란트로푸스속이나 오로린속 등 초기 인류는 소림을 중심으로 생활한 것으로 보이나 아프리카에서 건조화가 진행되었다면 소림이었던 곳도 초원으로 바뀌고 아르디피테쿠스의 생활 범위가 감소했을 가능성이 있다. 만약 소림이 초원으로 바뀌었다면 아르디피테쿠스는 오스트랄로피테쿠스로 대체되었을 것이다. 하지만 그것은 아르디피테쿠스가 오스트랄로피테쿠스와의 경쟁에서 패했기 때문이 아니다. 단지 기후 변화 때문에 멸종하고 만 것이다.

아르디피테쿠스는 복잡한 생태계 속에서 살았다. 기후나 땅 등 다양한 정해진 조건에 맞춰서, 먹이가 되는 식물과 공격해 오는 육식 동물 등 여러 생물과 맞추면서 살았다. 만약 오스트랄로피테쿠스 등 다른 인류와 관계를 맺었다고 해도 그것은 아르디피테쿠스의 생활 가운데 아주 작은 일부에 지나지 않았다. 무시해도 좋을 정도였을 것이다.

실제로 어떻게 아르디피테쿠스가 멸종했는지는 자료가 부족해서 알기 힘들다. 단 한 가지 확실한 것은 아르디피테쿠스보다 오스트랄로피테쿠스 쪽이 자손을 훨씬 많이 남겼다는 점이다.

만약 여성 오스트랄로피테쿠스가 낳은 아이의 수가 아주 조금이라도 아르디피테쿠스보다 많았다면 그것만으로 아르디피테쿠스의 멸종을 향한 걸음은 시작된 것이다. 아주 작은 차이라도 세대를 거듭하면서 그 효과가 점점 커지기 때문이다. 낳을 수 있는 아이의 숫자만 다르고 그 외의 능력이 모두 같은 2종이 있으면 반드시 아이를 많이 낳는 종이 남고 아이를 적게 남는 종은 멸종한다. 만약 인간의 다산성이 오스트랄로피테쿠스의 단계에서 진화한 것이라면 아르디피테쿠스는 오스트랄로피테쿠스에게 상대가 되지 못했을 것이다.

그런데 아르디피테쿠스와 오스트랄로피테쿠스의 교체에 관해 신경 쓰이는 것이 있다. 그것은 에티오피아의 약 340만 년 전의 지층에서 아르디피테쿠스와 유사한 발의 뼈가 발견된 것이다. 만약 이것이 진짜 아르디피테쿠스라면 100만 년 가까이 두 종이 공존했다는 말이 된다.

다만 아르디피테쿠스와 오스트랄로피테쿠스의 계통 관계는 교배의 여부를 포함해서 전혀 알려진 것이 없다. 교배했다는 확실한 증거를 얻기 위해서는 DNA를 해석할 필요가 있다. 그러나 DNA가 해석할 수 있는 것은 (보존 상태가 크게 좌우하지만) 겨우 수십 만 년 전의 화석이 한계다. 아르디피테쿠스나 오스트랄로피테쿠스는 너무 오래전의 일이다. 오스트랄로피테쿠스가 초기 인류의 어떤 종으로부터 진화한 것은 틀림없지만, 그 조상이 아르디피테쿠스라는 보장은 없다. 오히려 아직 발견되지 않은 초기 인류일지도 모르기 때문이다.

아르디피테쿠스와 오스트랄로피테쿠스는 살았던 지역은 겹쳤지만 생존 전략은 달랐다. 무엇보다 먹는 것이 달랐다. 아르디피테쿠스는 주로 삼림에서 나는 것을 먹었다. 오스트랄로피테쿠스는 이미 살펴봤듯 초원에서 나는 것을 먹었다. 생존 전략이 달랐다면, 어쩌면 둘이 공존하는 일도 가능하지 않았을까? 이에 대해서는 앞으로의 연구를 기대해 본다.

7장 |||||||||| 인류에게 일어난 기적

올도완과 아슐리안

오스트랄로피테쿠스속에서 새로운 두 계통이 진화했다는 것을 앞서 살펴보았다. 하나는 강인한 원인이고 다른 하나는 가냘픈 원인, 즉 우리와 연결된 호모속이었다. 강인한 원인은 턱과 어금니가 커졌지만, 호모속은 반대로 이것들이 작아졌다. 두 계통은 아프리카의 건조화라는 동일한 환경 변화에 대해 정반대의 해결책을 선택했다.

게다가 호모속은 석기를 사용하기 시작했고 고기를 자주 먹게 되었다. 석기는 크게 두 종류로 나뉜다. 돌을 때려서 만든 타제 석기와 타제 석기를 갈아서 만든 마제 석기가 그것이다. 타제 석기를 만든 문화도 몇 가지 종류로 나뉜다. 그중 단순히 때려서 석기를 만드는 문화를 올도완이라고 부른다. 그리고 석기 양면을 가공한 주먹 도끼 등을 만드는 문화를 아슐리안이라고 부른다. (각각의 문화에서 만든 석기를 올도완 석기, 아슐 석기라고 부른다.) 주먹 도끼는 눈물방울 모양이며 손으로 잡고 사용한 석기이다. 자르고 깎아 내고 파는 등의 목적으로 다양하게 사용되었을 것이다.

케냐 투르카나 호수 주변에서 발견된 약 330만 년 전의 석기를 제외하면 인류가 만든 최초의 석기는 올도완 석기인데, 그중 가장 오래된 것은 에티오피아에서 발견된 약 260만 년 전의 것이다. 그 이후 약 260만~250만 년 전에 동아프리카의 각지에서 올도완 석기가 만들어진 것으로 보인다. 약 330만 년 전의 석기는 당시 인류 사이에서 널리 퍼지지 않은 듯 보이고 약 260만 년 전의 석기를 만드는 지식은 곧바로 다른 개체나 다른 집단으로 전해진 듯하다. 호모속은 새로운 지식을 받아들일 능력이 있었다.

석기를 만들었다고 해서 사냥이 가능했던 것은 아니다. 석기를 손에 쥐고 있어도 뛰어 달아나는 사슴을 잡을 수는 없었다. 그렇다면 이 석기는 어디에 사용됐을까? 아마 죽은 동물을 먹는 데 사용됐을 것이다. 초원이나 소림에는 초식 동물의 사체나 육식 동물이 먹고 남긴 것이 있었다. 그 뼈를 가르고 그 속에 있는 골수를 먹기 위해서는 석기가 필요했다. 또 뼈에 붙은 고기를 긁어낼 때도 편리했을 것이다.

가장 오래된 호모속 화석은 아프리카 남동부인 말라위에서 발견된 아래턱으로 약 250만 년 전의 것이다. 또 에티오피아에서 발견된 약 230만 년 전 호모속의 위턱은, 종을 특정할 수는 없지만, 많은 올도완 석기와 함께 발굴되었다. 따라서 올도완 석기의 제작자가 호모속(또는 바로 뒤에서 살펴보겠지만 그와 가까운 종일지도 모르는 오스트랄로피테쿠스 가르히)이라는 것은 거의 확실해 보인다.

석기를 처음으로 만든 인류

에티오피아에서 약 250만 년 전 소와 말의 뼈 몇 개가 발견되었다. 그 뼈에는 예리한 석기에 의한 상처 자국이 나 있었다. 그곳에 살고 있던 인류가 석기를 이용해 대형 동물의 사체를 해체했던 것이다. 그리고 그와 가까운 지층에서 인류의 화석이 발견되었다. 그들은 오스트랄로피테쿠스 가르히라고 명명되었다. 머리뼈와 팔다리뼈가 다른 장소에서 발견

그림 7
올도완 석기(위)와
아슐 석기(아래)
사진 : Didier Descouens.

되었기에 다른 종일 가능성도 없지 않았다. 하지만 가까운 비슷한 지층에서 발굴되었기 때문에 일단 머리뼈와 팔다리뼈가 오스트랄로피테쿠스 가르히의 것이라 해석되었다. 이 오스트랄로피테쿠스 가르히(화석은 약 270만~250만 년 전)가 이들 석기를 사용한 인류일지도 모른다.

오스트랄로피테쿠스 가르히의 뇌는 용량이 450cc 정도로 작고 위턱도 상당히 앞으로 돌출되어 있어서 오스트랄로피테쿠스속에 포함시키는 게 타당해 보인다. 하지만 그들의

2부 멸종한 인류들

다리는 호모속처럼 길고 키가 140센티미터 정도였다. 송곳니도 호모속처럼 작아서 비록 오스트랄로피테쿠스속에 속해 있기는 하지만 호모속으로 이어지는 계통일 가능성이 있었다.

사실 석기를 만든다는 것은 매우 어려운 일이다. 나뭇가지나 돌을 도구로 사용하는 침팬지도 석기는 만들지 못한다. 컴퓨터를 이용해서 인간과 의사소통을 할 수 있는 정도지만, 석기는 아무리 알려 줘도 만들지 못했다. 그러나 동아프리카에 있었던 초기 호모속 사이에서는 석기 제작이 곧바로 퍼져 나갔다. 초기의 호모속은 석기 제작에 필요한 인지 능력과 뛰어난 손재주를 갖고 있었던 듯 보인다. 오스트랄로피테쿠스 단계에서 고도로 협력적인 사회관계를 만든 것이 인지 능력을 발달시키는 데 큰 도움이 되었을 것이다.

그러나 같은 동아프리카에 살면서 같은 오스트랄로피테쿠스속에서 진화한 것으로 보이는 오스트랄로피테쿠스 보이세이는 석기를 만들 줄 몰랐다. 끝을 날카롭게 만든 골기骨器나 뿌리와 나무줄기 등을 파내는 도구를 사용한 듯하지만, 석기는 만들지 않았던 것으로 보인다. 어쩌면 고기를 거의 먹지 않았기 때문에 만들 능력이 있어도 만들지 않았을 수도 있다. 오스트랄로피테쿠스 보이세이는 약 230만~130

만 년 전에 살았는데 뇌 용량은 500cc 정도로 오스트랄로피테쿠스 가르히보다 조금 컸다. 이런 사실로 미루어 보아 뇌가 크다고 석기를 만들 수 있었던 것은 아닌 듯하다.

혼란스러운 초기 호모속의 분류

올도와 석기를 처음 사용하기 시작한 인류의 종은 약 250만 년 전의 오스트랄로피테쿠스 가르히였다. 그러나 오스트랄로피테쿠스 가르히를 마지막으로 가냘픈 원인은 사라졌다. 그 후의 인류는 강인한 원인과 (곧이어 등장하는 피테칸트로푸스 루돌펜시스를 호모속에 포함시키면) 호모속뿐이다. 강인한 원인은 석기를 사용하지 않았으나 호모속은 석기를 사용했다. 그리고 호모속의 뇌는 커졌다.

아르디피테쿠스속, 오스트랄로피테쿠스속, 호모속으로 이어지며 송곳니의 크기는 점점 작아졌고 호모속에서는 그 크기가 다른 치아보다 작을 정도가 되었다.

초기 호모속의 뇌 크기를 보자. 케냐에서 발견된 약 190만 년 전 호모 하빌리스는 뇌 용량이 509cc였다. 이는 (나중에 살펴볼 소형 인류 호모 플로레시엔시스를 제외하면) 호모속의 화석들 중 가장 작은 크기다. 같은 호모 하빌리스라고 해도 탄자니아에서 발견된 약 180만 년 전의 화석은 뇌 용량이 680cc였다. 참고로 호모 하빌리스는 약 240만~130만 년 전에 살았던 인류이다.

초기 호모속의 또 다른 종인 호모 루돌펜시스는 약 250만~180만 년 전에 살았는데 그 몇몇 화석은 호모 하빌리스에서 종명을 변경한 것이다. 뇌 용량은 평균 790cc였다.

그러나 이들 초기 호모속의 분류에는 몇 가지 다른 주장이 있다. 호모 하빌리스와 호모 루돌펜시스는 호모 하빌리스라는 종으로 단일화해야 한다는 주장이 그중 하나다. 또 호모 하빌리스는 키가 100센티미터 정도로 작고 팔도 길어서 오스트랄로피테쿠스 하빌리스라고 해야 한다는 주장도 있다. 호모 루돌펜시스의 얼굴은 편평하고 호모속이나 오스트랄로피테쿠스속과도 달라 피테칸트로푸스 루돌펜시스라고 해야 한다는 주장도 있다. 하지만 이 또한 화석이 된 이후 왜곡이 일어났기 때문이라는 반론이 존재한다.

이처럼 초기 호모속의 분류는 매우 복잡하고 혼란스럽지만, 이들 화석에서 커다란 진화의 흐름은 읽어 낼 수 있다. 그것은 뇌가 커졌기 때문에 석기를 만들기 시작한 것이 아니라 석기를 사용하기 시작하면서 뇌가 커졌다는 것이다.

그리고 약 190만 년 전이 되면 아프리카에서 호모 에렉투스가 나타났다. 초기의 호모속보다 턱과 어금니가 작아졌고 뇌 용량은 850cc로 초기 호모속보다 확연히 커졌다. (호모 에렉투스의 뇌 용량은 이례적으로 커서 전체 평균은 1000cc 정도였다.) 약 180만 년 전이 되면 호모 에렉투스의 일부는 아프리카에서 유라시아로 이동해서 약 10만 년 전까지 살았을 것으로 추정된다. 인류 중에서도 매우 번영한 종이었다. 다만 생존 기간이 길고 분포 지역도 넓어서 개체 사이의 차이가 크기 때문에 여러 종으로 나누어도 좋을 정도라는 의견도 있다. 특히 아프리카의 호모 에렉투스는 호모 에르가스테르라는 다른 종으로 분류하기도 하는데 이 책에서는 호모 에렉투스로 통일해서 살펴볼 것이다.

왜 사자는 인류보다 뇌가 크지 않을까

약 700만 년 전에 인류는 직립 이족 보행을 시작했다. 그리고 약 250만 년 전이 되면 호모속이 나타났고 뇌가 커지기 시작했다. 사헬란트로푸스나 아르디피테쿠스의 뇌(약 350~400cc)와 비교하면 오스트랄로피테쿠스의 뇌(약 400~500cc)는 크기가 조금 커졌을지 모르지만 확연한 차이는 없었다. 하지만 호모속이 되면서 뇌가 확실하게 커지기 시작했다. 반대로 생각하면 인류가 탄생한 것이 약 700만 년 전이었으니 약 450만 년 동안 뇌의 크기에는 거의 변화가 없었다는 말이 된다.

'직립 이족 보행을 시작하면서 사람의 손은 자유로워졌다. 그리고 손으로 석기 등을 제작했고 뇌가 커졌다'라는 말도 있으나 그것은 옳은 말이 아니다. 인류는 직립 이족 보행을 시작한 후 약 450만 년 동안 석기를 만들지 않았고 뇌도 커지지 않았다. 그런데 왜 그런 일이 생긴 걸까?

뇌는 에너지를 많이 사용하는 기관이다. 인간의 경우 뇌는 체중의 약 2퍼센트를 차지할 뿐이지만 몸 전체에서 사용하는 에너지의 약 20~25퍼센트를 사용한다. 그러니까 뇌는 연비가 나쁜 기관이다. 이 정도로 연비가 나쁜 기관을 유지하기 위해서는 칼로리가 높은 음식을 계속 먹어야만 한다. 칼로리가 높은 음식은 고기이다. 따라서 계속 고기를 먹을 수 있게 되면서 뇌가 커졌을 것이다. 그리고 인류가 고기를 먹기 위해서는 석기가 필요하다. 석기를 만들게 되면서 고기를 자주 먹을 수 있게 되었고 뇌가 커진 것이다.

뇌는 많은 에너지를 필요로 하기 때문에 고기를 통해 높은 칼로리를 섭취해야 한다. 여기서 이런 의문이 들 수 있다. 왜 사자의 뇌는 인류보다 크지 않을까? 초기 호모속이 먹은 고기의 양은 사자와 비교하면 매우 적다. 물론 사자도 사냥을 하려면 애를 써야 하지만, 엄니가 있고 (인류보다) 빨리 달릴 수도 있다. 초기 호모속과 비교하면 사자가 훨씬 많은 양의 고기를 먹었을 것이다. 따라서 인간보다 뇌가 커질 수도 있었다.

뇌가 커진다는 것은 과연 좋은 일일까? 정말 좋은 것이라면 인간처럼 뇌가 큰 육식 동물이 많아야 정상이다. 하지만 인간처럼 뇌가 커진 동물은 전혀 없다. 그렇다면 이것은 커다란 뇌를 가진다는 것에 단점이 존재한다는 뜻이다.

스마트폰에는 여러 유료 앱이 있다. 매월 사용료를 지불해야 하는 유료 앱은 충분히 사용해야 손해를 보지 않는다. 만약 앱을 이용해서 돈을 번다고 가정할 때 앱 사용료보다 수입이 크면 돈을 버는 셈이 된다. 반대로 유료 앱을 계속 내려받아서 전혀 사용하지 않으면 매월 사용료를 내는만큼 손해가 난다.

큰 뇌는 내려받은 유료 앱과 같다. 뇌가 크면 에너지를 많이 써야 한다. 즉, 배가 계속해서 고파진다. 뇌의 크기가 제각기 다른 사자의 무리가 있다고 가정해 보자. 만약 불행하게도 먹이를 전혀 잡지 못한 경우 뇌가 큰 사자부터 죽게 될 것이다. 그리고 살아남은 것은 뇌가 작은 사자가 될 것이다. 따라서 무작정 뇌를 키우지 않는 편이 유리하다. 사용하지 않을 유료 앱은 내려받지 않는 것이 좋다.

하지만 제대로 앱을 사용하기만 한다면 내려받는 것이 좋다. 매월 사용료를 내도 그것을 뛰어넘는 수입이 들어온다면 결국 이익이기 때문이다. 초기 호모속의 경우 석기를 만드는 데 필요한 정도의 뇌를 키우는 것은 이익이 나는 일일 것이다. 그때부터 조금 뇌를 크게 만들고 석기를 개량해서 고기를 조금 더 많이 먹게 되었다. 그리고 다시 조금 뇌를 크게 만들어서 동료와 협력해서 동물의 사체를 찾았고 고기를 좀 더 많이 먹게 되었다. 호모속은 조금씩 앱을 내려받아서 그때마다 매번 앱을 잘 구사했을 것이다. 인류는 고기를 먹고 뇌가 커졌고 뇌가 커지면서 고기를 잘 먹게 되었다.

그렇지만 사자는 그렇지 않았다. 사자는 엄니를 날카롭게 만들고 빠르게 달리는 것이 먹을 수 있는 고기의 양을 늘리는 데 도움이 되었다. 그렇지만 뇌가 조금 커져도 먹을 수 있는 고기의 양은 달라지지 않았다. 오히려 큰 뇌는 에너지를 쓸데없이 사용할 뿐이었다. 앱을 내려받아도 사용할 방법이 없었다. 매월 사용료를 낸 만큼 손해가 난다. 사자는 고기를 먹기 위해 엄니를 크게 만들었고 사람은 고기를 먹기 위해 뇌를 키운 것이다.

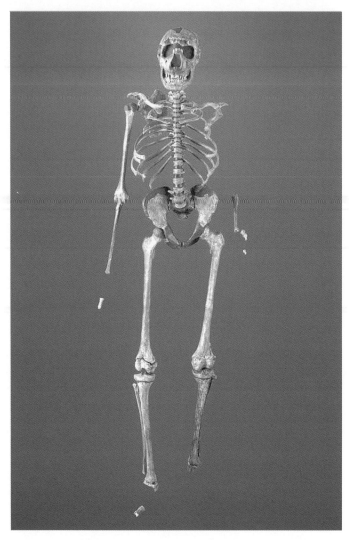

그림 8
투르카나 보이라고 불리는 화석. 국립자연사박물관(미국) 소장.

2부 멸종한 인류들

직립 보행의 숨겨진 이점

호모 에렉투스는 종종 팔다리가 날씬하고 길며 키가 180센티미터가 넘는 인류였다고 여겨지기도 한다. 그러나 실제로는 그렇게까지 크지는 않았던 듯하다.

1984년에 케냐의 투르카나 호수 서쪽에서 멋진 화석이 발견되었다. 약 160만 년 전의 호모 에렉투스의 화석으로 전신 골격의 약 66퍼센트가 남아 있었다. 인간과 네안데르탈인을 제외한 화석 인류 가운데 루시를 뛰어넘는 가장 완전한 화석이었다. 이 화석의 주인은 소년이었기에 투르카나 보이라는 이름이 붙었다.

인간의 아이는 유인원이나 오스트랄로피테쿠스와 비교해서 어른으로 성장할 때까지 더 긴 시간이 필요하다. 남자라면 11년 정도 성장하고 그 뒤에 사춘기의 급성장이 시작된다. 그리고 5년 정도 사이에 25센티미터 정도 키가 자란다.

투르카나 보이는 처음에 아홉 살 정도의 소년이라고 생각되었는데 키는 약 160센티미터였다. 그래서 만약 인간과 동일한 성장을 한다면 185센티미터 정도가 되었을 것으로 추정되었다.

그런데 치아나 뼈를 세밀하게 조사해 보니 인간처럼 성

장하지 않은 듯했다. 치아의 생김새나 뼈의 유합癒合 정도는 열두 살 정도인데 치아의 성장선으로 추정해 볼 때 투르카나 보이는 8년 정도밖에 살지 않았다는 것이 밝혀졌다. 즉, 호모 에렉투스는 유인원이나 오스트랄로피테쿠스처럼 성장이 빨랐다. 그렇다면 투르카나 보이가 죽었을 때 이미 성장이 끝났을 가능성도 있다. 조금 더 성장한다고 해도 170센티미터를 넘지 못했을 것이다.

화석으로 추정한 호모 에렉투스 가운데에는 키가 122센티미터 정도인 것도 있어서 상당히 편차가 심하다. 어쨌든 아프리카 호모 에렉투스의 평균 키가 170센티미터라는 연구 결과도 있기에 오스트랄로피테쿠스와 비교하면 상당히 키가 컸다는 것만은 확실한 듯하다.

호모 에렉투스는 어떻게 해서 키가 큰 걸까? 그것은 아마 먼 거리를 걷기 위해 다리가 길어졌기 때문일 것이다. 루시와 투르카나 보이를 비교하면 서로 다른 다리의 길이가 확연하게 눈에 들어온다.

열대 우림에 사는 침팬지라면 열매나 잎을 찾아내기 위해 먼 거리를 이동할 필요가 없다. 그러나 초원이나 숲이 듬성듬성한 소림에서 먹을 것을 찾아야 했던 인간은 먼 거리를 걸어야 했다. 먹을 것이 넓은 범위에 흩어져 있었기 때문이다. 게다가 고기를 먹기 위해서는 동물의 사체를 찾아야 했다. 사체는 쉽게 찾아내기 힘들었기에 호모 에렉투스는 점점 더 먼 거리를 걸어야만 했다. 참고로 현대의 수렵 채집민은 하루에 15킬로미터 정도를 걷는다는 보고가 있다. 의외로 적다고 생각할 수도 있지만 그렇지 않다. 나는 건강을 위해 걷기나 뛰기를 전혀 하지 않지만, 이런저런 볼일을 보다 보면 결국 하루에 10킬로미터 정도를 걷고 있다. 그러나 포장된 도로를 걷는 것과 자연의 거친 땅을 걷는 것은 전혀 다르다.

그리고 호모 에렉투스의 시대에 기적이 일어났다. 앞에서 살펴본 것처럼 직립 이족 보행은 빨리 달릴 수 없다는 치명적인 결점이 있었다. 그 때문에 인류 이전에는 지구상에서 직립해서 두 발로 걷기로 진화한 생물은 없다. 그러나 손으로 물건을 옮길 수 있다는 직립 이족 보행의 최초의 이점이 일부일처에 가까운 사회와 결합하면서 우연히 초기 인류의 진화에 포함되었다. 그것은 지구의 역사에서 처음으로 일어난 일이었다.

그로부터 450만 년이 지나고 인류는 석기를 사용하기 시작했고 고기를 빈번하게 먹게 되었다. 그러자 숨겨져 있었던 직립 이족 보행의 이점이 나타나기 시작했다. 그것은 단

거리 달리기에는 불리하지만, 장거리 걷기에는 유리하다는 점이다. 이와 관련해서 인간과 침팬지가 걷는 동안 어느 정도 산소를 사용하는지를 측정한 연구가 있다. 호기성 호흡을 통해 에너지를 만들 때는 산소를 소비한다. 그래서 어느 정도의 산소가 사용되는지 조사하면 에너지 소비량을 측정할 수 있다. 그 결과 인간의 직립 이족 보행은 침팬지의 네발 걸음의 4분의 1밖에 에너지를 사용하지 않는다는 것이 밝혀졌다. 다만 이런 연구는 활용하는 개체에 따라 결과에 큰 차이를 드러내기 때문에 조금 설득력이 떨어지기도 한다. 그러나 직감적으로 직립 이족 보행의 효율이 뛰어나다는 것은 마라톤 등을 보면 분명해진다. 침팬지나 고릴라가 마라톤을 완주하는 것은 무리다.

직립 이족 보행의 뛰어난 효율은 오스트랄로피테쿠스 때에도 어느 정도 유리하게 작용했다. 삼림보다 음식물이 적은 소림이나 초원에서는 뭔가를 먹기 위해 먼 거리를 걸어야 했기 때문이다. 하지만 호모 에렉투스가 직립 이족 보행을 통해 받은 혜택은 엄청났다. 고기를 찾아서 걷는 거리가 늘어난 것도 있지만, 그것만이 아니다. 아마 호모 에렉투스는 처음으로 달린 인류였을 것이다.

호모 에렉투스가 달리게 된 것에 관해서는 간접적인 증

거밖에 없지만, 그것만으로도 충분하다고 생각한다. 호모 에렉투스의 발가락은 짧다. 발가락이 길면 걸을 때는 큰 문제가 없으나 달릴 때는 방해가 된다. 또 엉덩이의 근육도 커졌다. 이 근육은 걸을 때는 별로 사용하지 않지만 달릴 때는 중요하다.

또한 호모 에렉투스는 반고리관이 크다. 반고리관은 귀의 안쪽 깊은 곳에 있는데 평형 감각과 회전 감각을 담당한다. 달릴 때 매우 중요한 기관이다. 이것은 두개골 속의 구멍에 들어가 있어서 화석으로도 확인을 할 수 있다. 오스트랄로피테쿠스는 반고리관이 작고 호모 에렉투스와 인간은 크다. 아마 호모 에렉투스는 우리처럼 머리를 일정한 높이로 두고 달릴 수 있었을 것이다. 한편 반고리관이 발달하지 않았던 오스트랄로피테쿠스는 달리면 머리가 흔들리고 긴 발가락도 방해가 되었을 것이기 때문에 먼 거리를 달릴 수 없었을 것이다.

만약 달릴 수 있었다면 손에 넣을 수 있는 고기의 양이 증가했을 것이다. 독수리가 하늘을 선회하고 있으면 그 아래에 죽은 (또는 죽어 가는) 동물이 있을 것이다. 호모 에렉투스는 그곳이 멀어도 달려갈 수 있었다. 그렇다면 때로는 하이에나보다 먼저 도착할 수도 있었을 것이다. 그러면 고기를 손에 넣은 다음에도 직립 이족 보행의 이점을 활용할 수 있었을 것이다. 고기를 손에 들고 달려서 돌아오면 된다. 그리고 여자와 아이에게 분배하면 된다.

허리가 가늘고 한가로운 인류의 탄생

육식을 통해 뇌가 커진 이유는 두 가지이다. 하나는, 앞에서 살펴본 것처럼, 칼로리가 높은 고기를 먹고 뇌가 활용할 수 있는 더 많은 에너지가 생겼기 때문이다. 즉, 뇌가 엔진이라면 고기는 기름이다. 다른 이유가 하나 더 있는데, 그것은 고기가 소화하기 쉽기 때문이다.

음식물을 소화하는 것은 매우 어려워서 위나 장을 몇 시간 동안 움직여야 한다. 그러기 위해서는 많은 에너지가 필요하다. 특히 식물은 칼로리가 낮아서 많이 먹어야 하고 소화하는 데에도 더 많은 시간이 필요하다. 침팬지나 고릴라는 활동 시간의 절반 이상을 먹거나 소화하는 데 쓴다. 반면 고기는 소화시키는 데 시간이 많이 필요하지 않고 따라서 장이 짧아도 된다. 게다가 석기로 음식을 으깨거나 자를 수 있으면 소화하기가 더 쉬워져 장은 점점 더 짧아진다. 결국 그만큼의 에너지를 뇌로 보낼 수 있게 되고 뇌는 더 커질 수 있다.

오스트랄로피테쿠스의 허리는 굵고 보기 흉했다. 그 안에는 거대한 소화 기관이 들어 있었다. 한편 호모 에렉투스의 허리는 가늘고 단단했는데, 장이 짧아졌기 때문이다. 그렇다면 장에서 사용하던 에너지를 뇌로 보낼 수 있고 뇌를 크게 만들 수 있었다. 또 장이 짧아서 허리가 가늘어지면 달리는 데에도 유리했을 것이다.

식사나 소화에 시간을 빼앗기지 않으면 한가한 시간이 생긴다. 따라서 사자에게는 한가한 시간이 아주 많다. 사냥이나 식사 시간을 제외하면 대부분의 시간을 뒹굴뒹굴하며 보내는 것이 그 때문이다. 인류에게 생긴 이런 한가한 시간은 (넓은 의미에서의) 지적 활동을 하는 데 중요한 역할을 했을 것이다. 석기를 만드는 데 많은 시간이 걸리고 석기에 필요한 돌을 모으는 것도 시간이 필요했다. 영어 스쿨(학교)의 어원은 라틴어 스콜레(한가함)라고 한다. 한가로울 때 학습과 같은 지적 활동이 일어난 것은 그리스·로마 시대보다 훨씬 이전인 호모 에렉투스의 시대였을 것이다.

인류의 몸에서 체모가 사라진 이유

호모 에렉투스가 오랫동안 달릴 수 있었다면 우리의 몸에

털이 거의 없는 것도 설명된다. 더운 날에 아프리카의 초원을 달리면 체온이 올라간다. 올라간 체온을 내리기 위해 땀이 나고 땀이 증발하면서 체온이 낮아진다. 하지만 체모가 있다면 그 아래 땀이 나더라도 쉽게 증발되지 않고 체온이 떨어지지 않는다. 이런 이유로 인류의 체모가 거의 사라졌을 가능성이 크다. 만약 이 생각이 옳다면 인류는 호모 에렉투스가 나타난 약 190만 년 전부터 체모를 잃은 것이 된다. 참고로 사람과 침팬지의 체모 수는 별반 다르지 않다. 사람의 체모가 거의 없는 것처럼 보이는 것은 털 하나하나가 가늘고 짧기 때문이다.

한편 많은 포유류는 체모가 많아서 땀으로 체온 조절을 하지 않는다. 예를 들면 개는 혀를 내밀어 거기서 수분을 증발시켜 체온을 낮춘다. 하지만 그렇게 해서는 열을 조금밖에 배출할 수 없다. 즉, 털이 무성한 포유류는 열을 낮추는 것이 힘들어서 오랫동안 달리는 것이 힘들다. 아프리카의 뜨거운 초원에서 호모 에렉투스의 추격을 받게 된 많은 포유류는 결국 붙잡히고 말았을 것이다.

이 가설은 논리적이다. 하지만 앞에서 말한 것처럼 논리적이라는 사실만으로는 충분하지 않다. 심지어 반대 사례도 있다. 초원에 사는 파타스원숭이는 체모가 있는데(보기에도 털이 무성하다) 땀으로 체온을 조절한다. 파타스원숭이의 체모는 강렬한 햇살에서 몸을 보호하는 역할을 한다고 한다. 그렇다면 체모가 있거나 없거나 몸을 식힐 수 있다는 말이 되고 뭔가 사기를 당한 느낌도 든다. 여하튼 호모 에렉투스는 파타스원숭이보다 먼 거리를 걷거나 달렸을 것이고, 따라서 체온을 떨어뜨리는 일은 중요한 과제였을 것이다. 그리고 땀을 흘리는 것은 체온을 떨어뜨리기 위한 가장 효과적인 방법이다. 따라서 인류는 땀을 흘리기 위해 체모를 없앴을 가능성이 크다. 다만 안타깝게도 강력한 증거가 없어서 확실하다고는 말할 수 없다.

인류의 체모가 사라지기 시작한 시점이 약 120만 년 전이라는 주장도 있다. 유전자 연구 결과에 의하면 피부색이 검게 변한 것이 약 120만 년 전으로 추정되기 때문이다. 체모가 사라지면 자외선을 포함한 햇빛이 피부에 직접 닿게 된다. 자외선으로부터 피부를 보호하기 위해 멜라닌 색소가 증가했고 피부가 검게 변했다. 따라서 피부가 검게 변한 시기는 체모가 사라진 시기와 일치한다는 것이다. 다만 이 추정은 어림짐작이라 숫자에 너무 신경 쓰지 않아도 된다. 체모가 사라진 것이 호모 에렉투스의 시대라는 것만 기억하면 된다.

왜 강인한 인류는 멸종했을까

최근 반세기 전만 해도 인류는 항상 한 종밖에 없었다는 단일종설이 유력했다. 동시에 두 종의 인류가 존재하지 않고 한 종만 진화해서 현재의 우리가 되었다는 주장이다. 이 주장을 뒤집은 것은 1969년부터 1975년까지의 기간 동안 케냐의 쿠비 포라에서 발견된 일련의 화석군이었다. 이 화석군을 조사한 결과에 따르면 약 180만~170만 년 전의 쿠비 포라에는 오스트랄로피테쿠스 보이세이와 호모 에렉투스가 공존했다. 이 두 종이 별종이라는 것은 형태적으로 분명했다.

그 이후 연구가 진행됨에 따라 과거 지구에는 복수의 인류가 종종 동시에 공존했다는 것이 명확해졌다. 현재 지구에는 사람이라는 한 종의 인류밖에 없는데 오히려 그것이 이상한 일이다.

예를 들면, 10만 년 전에는 우리 호모 사피엔스 이외에 네안데르탈인, 데니소바인, 호모 플로레시엔시스가 살았다. 어쩌면 호모 에렉투스도 살았을지 모른다. 하지만 지금은 모두 사라지고 없다. 약 4만 년 전에 네안데르탈인이 멸종한 뒤로는 우리만 홀로 남게 되었다.

만약 다른 인류가 살고 있다면 세계는 어떤 느낌일까?

그것은 외아들이 형제자매가 있으면 어떤 느낌일까 하고 생각하는 것과 비슷해서 상상하기 무척 어렵다. 네안데르탈인이 살아 있다면 그들도 당연히 인권을 존중받아야 한다. 어쩌면 우리와 네안데르탈인은 학교에서 책상을 마주하고 있었을지도 모른다. 수학이나 국어는 우리가 더 잘했을 것이다. 그렇지만 네안데르탈인의 뇌는 우리보다 훨씬 크기 때문에 우리가 생각하지 못했던 것을 생각해 낼지도 모른다. 때때로 네안데르탈인이 엄청난 능력을 발휘했을지도 모른다. 우리가 미치지 못할 훌륭한 지성에 대해 알 수 있는 기회는 영원히 사라지고 말았다. 한 번이라도 좋으니 네안데르탈인과 이야기를 해 보고 싶었다. 이런 생각을 하며 안타까움을 느끼는 것은 나만이 아닐 것이다.

하던 얘기로 다시 돌아가면, 호모 에렉투스와 공존했던 오스트랄로피테쿠스 보이세이는 그 이후 쇠퇴를 거듭했고 약 120만 년 전에 멸종하고 말았다. 오스트랄로피테쿠스 보이세이가 자주 육식을 했던 호모 에렉투스에게 사냥을 당했을 가능성이 없다고는 할 수 없다. 뒷받침할 증거가 없기 때문이다. 그러나 그보다는 먹을 것을 둘러싼 경쟁에서 패했을 가능성이 크다. 그리고 이제 인류는 호모속만 남게 되었다. 오스트랄로피테쿠스속은 사라지고 말았다.

또 하나 잊어서는 안 되는 것이 있다. 오스트랄로피테쿠스 보이세이가 살았던 때에 그들 이외에 호모 에렉투스만 있었던 것이 아니었다. 주위에는 여러 생물이 있고 그들 생물과 다양한 경쟁을 하며 살았다. 특히 중요한 것은 개코원숭이였을 것이다. 호모 에렉투스도 매우 빠르게 달리는 개코원숭이 때문에 속을 썩였을 것이다. 민첩하게 돌아다니는 개코원숭이에게 자주 먹을 것을 빼앗겼을 것이다. 특히 오스트랄로피테쿠스 보이세이는 재빠르게 움직이는 개코원숭이에게 어쩔 도리가 없었을 것이다. 어쩌면 개코원숭이를 상대할 수 없었기 때문에 어쩔 수 없이 남들이 먹지 않는 단단하고 먹기 힘든 식물을 먹어야 하는 인류가 생겼고 그것이 오스트랄로피테쿠스 보이세이와 같은 강인한 원인이었을지도 모른다.

이를 단순화해서 아프리카의 초원에 사는 영장류는 개코원숭이와 오스트랄로피테쿠스 보이세이, 호모 에렉투스밖에 없다고 해 보자. 건조화가 진행되는 환경에 잘 적응한 순위를 매겨 보면 첫 번째가 개코원숭이, 두 번째가 호모 에렉투스, 세 번째가 오스트랄로피테쿠스 보이세이가 될 것이다. 그렇게 되면 생존과 멸종의 경계는 두 번째와 세 번째 사이가 된다. 만약 아프리카의 환경이 좀 더 나빠져 경계가 첫 번째와 두 번째 사이로 올라갔다면 당신과 나는 태어날 수 없었을 것이다. 진화에는 우연과 필연이라는 양면이 있는데 우연, 즉 운명에 맡겨야 하는 부분도 상당하다.

8장

아프리카를 떠나 전 세계로

아프리카에서 나온 인류

인류는 약 700만 년 전 아프리카에서 태어났다. 이후 몇백만 년 동안 아프리카에서 살았고 거기서 진화했다. 그러다 드디어 인류가 아프리카를 떠나야 하는 날이 닥쳐왔다.

아프리카 바깥에서 인류가 살았던 가장 오래된 증거는 조지아(옛 그루지야)의 드마니시 유적이다. 약 177만 년 전의 인골이 발굴되었을 뿐만 아니라 그 아래 약 180만 년 전의 지층에서도 석기가 발견되었다. 드마니시 유적에서 발견된 화석 인류(드마니시 원인이라고 부른다)는 키 약 147~157센

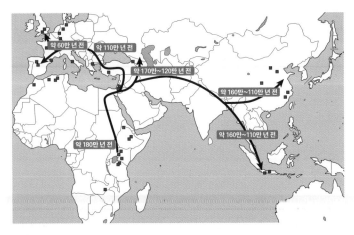

그림 9
약 180만 년 전부터 인류는 아프리카 바깥으로 진출하기 시작했다. 숫자는 그 지역에 도달한 시기, 사각형은 화석이 발굴된 장소를 가리킨다.

티미터에 뇌 용량은 약 600~775cc였다. 이 드마니시 원인을 호모 에렉투스로 보는 연구자도 있으나 그렇게 보기에는 키가 작고 뇌 용량도 작다. 지금까지 호모 에렉투스 가운데 가장 뇌 용량이 작은 것은 691cc였는데 드마니시 원인 중에는 그보다 작은 개체도 있다. 그래서 드마니시 원인이 호모 에렉투스와는 별종인 호모 게오르기쿠스라고 주장하는 연구자도 있다. 이는 미묘한 문제이기 때문에 이 책에서는 드마니시 원인을 호모 에렉투스나 호모 게오르기쿠스라고 결론 내리지 않고 드마니시 원인이라고 부르기도 한다.

인류의 출아프리카(구약 성서의 출애굽기와 비교해서 종종 이렇게 표현한다)에 대한 전통적인 주장은 다음과 같다. 약 190만~170만 년 전 동아프리카에서 호모 하빌리스가 호모 에렉투스로 진화했다. 호모 에렉투스는 다리가 길어서 이동하는 능력이 뛰어났다. 또 뇌가 커서 (아프리카 호모 에렉투스의 뇌 용량은 약 900cc다) 그 큰 뇌를 유지하기 위해 많은 고기가 필요했다. 그래서 이동하는 능력을 살려서 행동 범위를 넓힌 결과 호모 에렉투스의 생식 범위가 넓어졌고 일부가 아프리카를 나와 유라시아로 향했다. 그리고 자바 원인이나 베이징 원인처럼 호모 에렉투스의 지역 집단을 만들었다는 것이다.

그러나 아프리카의 호모 에렉투스는 뇌 용량도 컸고 안와상 융기가 발달했으며 키도 컸다. 따라서 호모 에렉투스 가운데에서는 원시적이지 않은 그 나름대로 파생적인 집단을 이루었을 가능성이 크다. 한편 아프리카에서 나온 드마니시 원인은 뇌 용량도 작고 키도 작으며 호모 에렉투스보다 원시적인 집단을 이룬 것으로 보인다. 이것은 앞뒤가 바뀐 것처럼 보인다. 아프리카에 남은 집단이 원시적이고 아프리카를 나온 집단이 파생적이라면 이해가 갈 텐데 말이다. 여기에 드마니시 원인은 뇌가 작아서 큰 뇌를 유지하기 위해 행동 범위를 넓히지도 않았을 것이다. 드마니시 원인의 발견에 따라 전통적인 출아프리카 주장은 수정할 필요가 생겼다.

검치호랑이의 습격을 받은 드마니시 원인

오늘날 드마니시는 겨울이 되면 영하 20도까지 내려가는 추운 곳이다. 그러나 약 177만 년 전에는 온난한 땅이었던 것 같다. 드마니시 유적에서 대량의 올도완 석기가 발견되었고 석기에 의해 상처가 난 초식 동물의 뼈도 발견되었다. 드마니시 원인이 동물의 고기를 처리했다는 것은 확실하고 고기를 먹을 기회도 많았을 것이다.

그러나 반대로 드마니시 원인이 육식 동물의 먹이가 되기도 한 모양이다. 검치호랑이의 이빨 자국이 남아 있는 두개골이 발견되었기 때문이다. 검치호랑이는 위턱의 송곳니가 매우 큰 고양잇과 동물로 현재는 멸종했다. 이름은 검치호랑이지만 계통적으로는 호랑이와 가깝지 않다. 참고로 가장 유명한 검치호랑이인 스밀로돈은 아메리카 대륙에 살고 있었기 때문에 드마니시 원인을 공격한 검치호랑이와는 다른 종류다.

드마니시 원인이 불을 사용했다는 증거는 없다. 그래서

육식 동물로부터 몸을 보호하기 매우 힘들었을 것이다. 그러나 협력적인 사회관계를 만든 것으로 보이는바 집단으로 육식 동물을 쫓아내는 정도는 가능했을 것이다.

드마니시 원인의 화석 중에는 측정 나이가 40세로 당시로서는 고령인 개체도 있었다. 이 개체의 치아는 하나만 남고 모두 빠진 상태였다. 치조齒槽 부분의 뼈가 재생하고 있었던 것을 근거로, 이 개체는 치아 없이 몇 년 동안 살았다는 것이 밝혀졌다.

당시는 부드러운 음식이 거의 없었기 때문에 치아가 없으면 생존할 수 없었다. 그런데 몇 년 동안 살아 있었다는 것은 누군가가 단단한 음식을 돌로 으깨 주거나 부드러운 골수나 뇌를 제공하며 이 개체를 돌보았을 것으로 생각할 수 있다. 드마니시 원인에게는 협력적인 사회관계가 있었다. 그것은 육식 동물로부터 몸을 지키는 데에도 도움이 되었을 것이다.

지구는 의외로 좁다

호모 에렉투스는 키가 크고 먼 거리를 걷거나 달릴 수 있었다. 드마니시 원인은 키가 작아도 발바닥의 장심이 발달해 있어서, 호모 에렉투스만큼은 아니지만, 역시 먼 거리를 걷거나 달릴 수 있었을 것이다. 출아프리카에 대한 전통적인 주장에서는 이 이동하는 능력을 중요하게 생각했다. 하지만 과연 이동하는 능력과 생식 영역의 넓이는 관계가 있을까?

예를 들어 아프리카에서 호모 에렉투스가 태어난 것은 (늦게 잡아도) 170만 년 전이다. 그리고 자바섬에 자바 원인이 나타난 것이 약 160만 년 전이다. 그 차이는 10만 년이다. 10만 년 동안 아프리카에서 자바섬까지 생활 영역을 넓히는 데 빠른 발이 필요했을까?

부동산에서 물건을 표기할 때 '역에서 5분'이라는 표현을 쓴다. 여기서 1분은 80미터를 의미한다. 역에서 5분이라면 역에서 5 × 80 = 400미터라는 말이다. 만약 이것이 우리의 걷는 속도라면 분속 80미터가 되니까 시속 4.8킬로미터라는 말이 된다. 이 속도로 지구의 끝에서 끝까지, 예를 들면 북극에서 남극까지 걷는다면 어느 정도 시간이 걸릴까?

북극에서 남극까지 2만 킬로미터니까 시속 4.8킬로미터로 걸으면 약 반년 정도 걸린다. 몇만 년이라는 시간과 비교하면 순간이다. 물론 이 계산은 북극에서 남극까지 땅으로 이어져 있고 산과 계곡이 없이 평탄한 땅이라고 가정한 것이다. 현실은 다르겠지만 그래도 반년은 짧다. 어떤 달팽이의 이동 속도는 초당 1.6밀리미터라고 한다. 이 달팽이가 북극에서 남극까지 걸으면 약 400년이 걸린다. 400년도 몇만 년에 비교하면 순간이다.

또 달팽이는 이동하는 능력이 떨어지기 때문에 종분화種分化가 쉽다고 한다. 즉, 한 종의 생식 범위가 좁아지는 경향이 있는 듯하다. 그러나 그것은 달팽이의 발이 느리기 때문이 아니라 달팽이가 바다나 산과 같은 장애물을 넘을 수 없기 때문일 것이다. 만약 달팽이가 바다든 산이든 자유롭게 넘어서 이동할 수 있다면 생식 범위가 넓어질 것이다. 아무리 발이 느려도 몇만 년 지나면 어디든 갈 수 있다. 지구는 의외로 좁다.

호모 에렉투스나 드마니시 원인은 오스트랄로피테쿠스 등 오래된 인류보다 먼 거리를 걷거나 달릴 수 있었을 것이다. 그렇지만 이동 능력이 높다는 사실이 생식 범위를 넓히는 절대적인 원인은 되지 않는다. 인류는 아프리카 바깥으로 몇 세대에 걸쳐 천천히 퍼져 나갔다. 개체 차원에서의 이동이 아니라 세대 차원에서의 이동이다. 개체 차원에서의 이동에는 개체의 이동 능력이 중요할지 모른다. 그러나 세대 차원에서의 이동에는 뭔가 다른 이유가 있을 것이다.

가난한 자가 살아남았다

지브롤터 해협은 대서양과 지중해를 이어 준다. 해협의 북쪽
은 스페인이지만 지브롤터 해협에 튀어나온 작은 반도는 영
국령으로 그곳을 지브롤터라고 부른다. 18세기 초반에 영
국령이 된 이후 주민의 출생, 사망, 전입, 전출 등의 기록이
그대로 남아 있다고 한다.

19세기 빅토리아 왕조의 시대에도 지브롤터의 생활은
고통스러웠다. 위생 상태가 나쁘고 특히 마실 물이 부족했
다. 유복한 집에서는 우물을 파거나 저수지에 빗물을 받아
사용했지만 가난한 집에서는 그럴 수 없었다. 당연히 유복
한 사람들보다 더러운 물을 마셔야 하는 가난한 사람들의
사망률이 높았다.

그런데 어느 해 지브롤터에 심각한 가뭄이 닥쳤다. 과연
어떻게 되었을까? 가난한 사람들이 대부분 죽고 유복한 사
람들이 일부라도 살아남았을 것으로 생각하기 쉽지만, 결과
는 반대였다. 유복한 사람들이 대부분 죽고 가난한 사람들
이 대부분 살아남았다.

이 결과는 다음과 같이 생각하면 이해하기 쉽다. 단순
화해서 두 종류의 인간이 있다고 해 보자. 더러운 물을 마셔

　　　　　　　　2부 멸종한 인류들

도 죽지 않는 '강한 사람'과 더러운 물을 마시면 죽는 '약한 사람'이다. 처음에는 유복한 집이나 가난한 집에 강한 사람과 약한 사람이 절반씩 있었다. 그러나 시간이 흐르면서 가난한 집에는 강한 사람의 비율이 증가했다. 가난한 집에서는 늘 더러운 물을 마셔야 했기 때문에 약한 사람은 죽을 수밖에 없었다. 한편 유복한 집에서는 변함없이 강한 사람과 약한 사람이 비슷한 비율로 살고 있었다. 늘 깨끗한 물을 마시기 때문에 강한 사람뿐만 아니라 약한 사람도 살아남을 수 있었던 것이다.

즉, 가뭄이 찾아오기 직전에는 가난한 집에는 강한 사람이 살고 있었고 유복한 집에는 강한 사람과 약한 사람이 절반씩 사는 상황이었다. 그리고 가뭄이 닥쳐오자 유복한 집이나 가난한 집 모두 더러운 물을 마셔야 했다. 그러자 가난한 집에 사는 사람은 강한 사람이기에 별로 죽지 않았다. 그런데 유복한 집에는 강한 사람과 약한 사람이 함께 살고 있었기에 약한 사람은 대부분 죽고 말았다. 그 결과 가난한 사람보다 유복한 사람 쪽이 더 많이 죽었다.

한편, 이와 비슷한 일이 인류의 출아프리카에서 일어났을 가능성은 없을까?

어쩔 수 없이 아프리카에서 나와야 했다?

인류는 아프리카에서 나와 유라시아로 퍼져 나갔다. 이렇게 말하면 희망으로 가득한 미래가 기다리고 있는 듯한 기분이 든다. 하지만 실제로는 아프리카에서 유라시아로 쫓겨났을 가능성이 크다.

현재까지 알려진 바에 따르면 아프리카에서 나온 가장 오래된 인류 화석은 드마니시 원인이다. 동시대의 전형적인 호모 에렉투스와 비교하면 뇌가 작고 키도 작다. 여러 가지 면에서 호모 에렉투스에게 상대가 되지 않았을 것이다. 당시 드마니시는 지금보다 온난한 곳이었다곤 하지만 아프리카보다는 살기 힘들었을 것이다. 드마니시 원인의 조상이 호모 에렉투스에 의해 아프리카에서 쫓겨난 것이 최초의 출아프리카였을지도 모른다.

드마니시 원인의 뇌가 작은 것은 드마니시의 생활이 힘들었기 때문일지도 모른다. 앞에서 뇌는 내려받은 유료 앱과 같은 것이라고 말했다. 매월 사용료를 낼 수 있으면 문제가 없지만 돈이 없어 사용료를 낼 수 없으면 유료 앱을 해약할 수밖에 없다. 드마니시에서의 생활이 아프리카보다 가혹하고 고기 같은 음식물을 먹지 못하게 되었다면 큰 뇌를 유지할 수가 없다. 그 경우 뇌가 큰 개체부터 죽기 때문에 살아남은 것은 뇌가 작은 개체가 된다. 즉, 드마니시 원인은 출아프리카를 한 뒤에 뇌가 작아지는 쪽으로 진화한 인류라는 말이 된다.

우리가 생각을 너무 복잡하게 하는 것일 수도 있다. 어쩌면 출아프리카에는 큰 의미가 없을지도 모른다. 그 이유는 인류와 비슷한 시기에 몇몇 종의 포유류가 역시 아프리카에서 유라시아로 이주했기 때문이다. 전반적인 건조화가 진행되면서 초원이나 소림이 늘어났다. 그 때문에 초원이나 소림에서 살고 있던 동물의 생식 범위가 넓어졌다. 생식 범위가 넓어질 때 생식 범위의 최전선이 어쩌다 아프리카와 유라시아의 경계를 넘었던 것일지도 모른다. 단순히 그런 이유 때문일 수도 있다. 즉, 여러 종의 포유류가 아프리카를 벗어났고 인류는 그 일부에 불과할 수도 있다는 말이다.

아무튼 약 180만 년 전에 호모 에렉투스나 그와 가까운 종이 아프리카에서부터 유라시아로 나와 생식 범위를 크게 넓혔다. 인류가 세계를 향해 첫걸음을 내딛은 것이다.

호모 에렉투스의 지역 집단

남아시아와 동남아시아는 인류의 화석이 거의 발견되지 않는 지역인데, 특이하게도 인도네시아 자바섬에서는 다수의 호모 에렉투스 화석이 발견되었다. 자바섬에 살았던 호모 에렉투스는 자바 원인이라 불린다. 연대에 대해서는 여러 의견이 있는데, 대략적으로 약 160만~10만 년 전에 살았던 것으로 추정한다. 이들은 100만 년 이상에 걸쳐 살았기에 비교적 변이가 큰 것이 특징이다. 또한 다른 인종과 격리된 환경에서 살았던 덕분에 독자적인 진화를 할 수 있었던 것으로 보인다. 비교적 최근의 자바 원인 쪽이 뇌가 크고 턱이나 치아는 작은 경향을 보인다. 뇌 용량에 관해 말하자면 초기에는 850cc였지만 후기에는 1200cc 정도가 되었다.

중국에서도 다수의 호모 에렉투스 화석이 발견되었다. 그중에서도 저우커우뎬에서 발견된 호모 에렉투스, 즉 베이징 원인이 유명하다. 이들은 약 75만 년 전의 화석이다. 참고로 그 유명세에 비해 베이징 원인의 완전한 두개골은 하나도 발견되지 않았다. 복원된 베이징 원인의 두개골은 복수의 개체로부터 얻은 두개골을 합쳐 만든 것이다. (수가 적은 화석의 경우 자주 이런 방식을 사용한다.) 베이징 원인에 대해 밝혀진 확실한 사실은 그들이 현재 중국인의 조상이 아니라는 점이다. 하지만 그들이 언제 어떻게 멸종했는지는 분명하지 않다. 베이징 원인 이후, 그리고 호모 사피엔스가 중국에 도달하기 전, 중국에 인류가 있었던 것은 거의 확실하고 화석도 발견되었다. 그러나 그 인류가 베이징 원인의 후손인지 아프리카에서 온 다른 집단인지는 분명하지 않다.

또 중국의 윈난성에서 발굴된 호모 에렉투스의 것으로 생각되는 치아의 연대는 약 170만 년 전으로 추정된다. 그러나 이는 너무 오래되었다. 화석의 공백 기간이 75만 년과 170만 년 사이의 100만 년에 가깝다는 것은 부자연스럽다. 만약 이게 사실이라면 이 화석은 중국에서 가장 오래된 인류가 된다. 한편 이 치아가 약 70만 년 전의 것이라는 반대 의견도 있다.

유럽의 인류 화석의 경우는 스페인의 아타푸에르카산의 시마 델 엘레판테 동굴에서 발견된 것이 가장 오래되었다. 약 120만~110만 년 전이다. 호모 에렉투스와 가까운 종이라고 생각되는데 호모 안테세소르라는 별종으로 보고되었다. 함께 출토된 석기는 오래된 올도완형인 것으로 보아 스페인까지 오게 된 것이 기술의 진보에 의한 것만은 아닌 듯하다.

참고로 역시 스페인에서 약 90만 년 전의 주먹 도끼가 발견되었다. 이것이 유럽의 가장 오래된 아슐 석기인데 그 이후에도 유럽에서는 오래된 형태인 올도완 석기가 널리 사용되었다.

호모 안테세소르의 가장 새로운 화석은 약 78만 년 전의 것으로 스페인의 그란 돌리나 동굴에서 발견되었다. 뇌 용량은 약 1000cc였고 올도완 석기와 짐승의 뼈가 함께 발견되었다. 호모 안테세소르의 뼈는 모두 조각나 있었다. 게다가 짐승 뼈와 마찬가지로 석기에 의해 상처가 난 뼈도 많았다.

과거에는 인골이 조각난 상태로 발견되면 식인이 이루어진 증거라고 해석하는 일도 잦았다. 그러나 육식 동물에게 잡아먹히거나 땅에 묻힌 뒤에 퇴적 작용에 의해서도 인골이 조각나는 일이 있다. 따라서 인골이 조각났다고 해서 무조건 식인의 증거가 되지는 않는다. 그러나 그란 돌리나의 인골은 조각나 있을 뿐만 아니라 석기에 의한 상처도 있어서 식인이 이루어졌을 가능성이 매우 높다. 상처가 난 뼈는 아이나 젊은 개체의 것이었다. 식인을 위해 다른 집단이 공격해 왔을 때에 어른보다는 아이나 상대적으로 어린 개체가 희생되기 쉬웠을 것이다.

나중에 살펴볼 네안데르탈인이나 우리 호모 사피엔스

도 식인을 했다는 증거가 있다. 특히 호모 사피엔스는 동족을 구워 먹은 증거도 있다. 지금보다 훨씬 식량 사정이 좋지 않았던 옛 인류는 종종 식인을 했던 듯하다. 식인 풍습은 늦어도 약 78만 년 전에는 시작된 것이다.

호모 안테세소르가 불을 사용했다는 증거는 없다. 식인이 일상적으로 이루어졌다면 타자에 대한 공감을 갖지 못했을 것이다. 호모 안테세소르는 아프리카에서 나와 유럽으로 향한 인류이기에 훗날 유럽에 살았던 네안데르탈인의 조상이라는 의견도 있다. 그러나 네안데르탈인의 조상은 뒤에서 살펴볼 호모 하이델베르겐시스 쪽일 가능성이 크다. 아마 호모 안테세소르는 충분한 자손을 남기지 못하고 유럽에서 사라진 인류일 것이다. 그들은 네안데르탈인이 유럽에 도착하기 전에 이미 멸종한 듯하다. 증거의 부재로 멸종의 원인을 명확히 밝힐 수는 없지만, 아마도 다른 인류와의 경쟁에서 패해 멸종한 것은 아닐 것이다. 오히려 환경의 악화 등의 이유로 멸종했을 가능성이 있다. 인류 역시 생물인 이상 환경이 나빠지면 멸종하게 된다.

9장 ||||||||

왜 뇌는 계속 커졌을까

왜 귀찮은 아슐 석기를 만들었을까

약 260만 년 전부터 사용하기 시작한 올도완 석기는 주로 오스트랄로피테쿠스 가르히나 호모 하빌리스가 사용했을 것으로 생각된다.

올도완 석기는 돌과 돌을 맞부딪혀서 깨뜨려 만든다. 실제로 석기를 만들어 본 고고학자의 견해에 따르면 올도완 석기를 만든 인류는 완성될 석기의 형태를 별로 형상화하지 않았던 듯하다. 전혀 생각하지 않은 것은 아니겠으나 석기의 형태는 오히려 원재료의 형태에 더 큰 영향을 받은 듯하다. 어느 정도는 될 대로 되라는 식이었던 것이다. 그러나 석기의 재료인 돌을 선택함에 있어서는 고도의 사고가 필요했다. 예리한 날을 만들기 위해서는 입자가 작은 돌이 필요했고 때로는 멀리서 가져오기도 했다. 현미경으로 들여다보면 만들어진 석기의 표면은 매우 예리해서 고기나 나무, 풀을 자르는 데 사용할 수 있을 정도였다.

침팬지나 보노보는 석기를 만들 줄 모른다. 아무리 가르쳐도 만들지 못했다. 오스트랄로피테쿠스 가르히의 뇌 용량(약 450cc)은 침팬지와 보노보와 비교해서 별로 차이가 없지만, 인지 능력에서는 상당한 차이가 있었던 듯하다.

그 후 지금으로부터 약 175만 년 전의 에티오피아에서 새로운 형태의 석기가 출현했다. 아슐 석기가 그것이다(그림 7 참고). 올도완 석기와 비교하면 아슐 석기는 크기가 큰 편이었고 호모 에렉투스가 주로 사용했다. 그들은 만들어질 석기의 형태를 형상화한 것으로 보인다. 이를 확실하게 알 수 있는 것이 대표적인 아슐 석기인 주먹 도끼다. 주먹 도끼는 절단 등에 사용되었을 것으로 생각되는데 대개 눈물방울 모양을 하고 있다. 원재료의 형태와는 무관하게 석기 제작자가 머릿속에 그린 이미지대로 만들어진 것이다. 주먹 도끼를 만드는 데에는 고도의 기술과 인내력이 필요했다.

2부 멸종한 인류들

왜 호모 에렉투스는 만드는 데 번거로운 주먹 도끼와 같은 아슐 석기를 만들었을까? 거기에 아주 큰 장점이 없다면 만들 생각을 하지 않았을 것이다. 아슐 석기를 사용하면 맛있는 것을 먹을 수 있었다. 눈앞에 죽은 초식 동물의 거대한 뼈가 있다. 뼈 안에는 맛있는 골수가 들어 있다. 이 뼈를 부수고 골수를 얻기 위해서였다면 아슐 석기를 열심히 만든 게 이해된다. 만들기는 힘들지만 아슐 석기는 훌륭한 역할을 했다. 동물의 가죽을 벗겨 내고 고기를 발라낼 수 있었다. 뼈를 가르고 골수를 얻을 수도 있었다. 아슐 석기를 만들게 되면서 인류는 더 많은 육식을 할 수 있었던 듯하다.

불을 사용하기 시작했다

남아프리카의 어느 동굴에서 약 100만 년 전의 짐승 뼈가 다량 발견되었다. 짐승의 뼈는 동굴 내에서 여러 곳에 널려 있었다. 그중 일부에서는 불에 탄 흔적이 발견되었다. 그리고 불에 탄 짐승의 뼈는 동굴 내 일정한 장소에 집중되어 있었다.

예나 지금이나 산불과 들불은 늘 발생했다. 지구 어딘가에서는 불이 났다. 따라서 단지 불에 탄 짐승의 뼈가 발견됐다는 사실만으로는 인류가 불을 사용했다고 단정 지을 수 없다. 하지만 이 불탄 짐승 뼈가 동굴 내 일정한 곳에 집중되어 있으면 얘기가 달라진다.

들불로 불에 타 죽은 동물이 동굴로 옮겨지거나 동굴 속에서 자연 발화가 일어난 것이라면 불탄 짐승 뼈는 동굴 내 여기저기 흩어져 있어야 한다. 그러나 불탄 짐승 뼈가 한 곳에 집중되어 있었다는 것은 호모속(아마 호모 에렉투스)이 불을 사용하고 있었다는 증거가 된다. 그러나 불을 피웠는지 아닌지는 불분명하다. 자연 발화된 불을 채취해서 소중히 보관해 뒀던 것인지도 모른다.

불의 사용은 증거가 남기 힘들다. 따라서 불을 사용한 가장 오래된 증거의 연대를 불의 사용이 시작된 연대라고 확정할 수 없다. 이 불탄 짐승 뼈는 약 100만 년 전의 것이지만 실제로 불을 사용한 것은 그보다 수십만 년 전으로 거슬러 올라갈 가능성이 있다.

불을 사용한 이유는 주로 세 가지로 추정된다. 첫 번째, 고기를 굽기 위해서였을 것이다. 고기를 구우면 소화가 쉬워진다. 두 번째, 육식 동물로부터 몸을 보호하기 위해 사용했을 것으로 생각된다. 세 번째, 추운 겨울에 체온을 따뜻하게 유지하는 데 사용되었을 것이다.

호모 에렉투스는 오스트랄로피테쿠스와 비교해서 뇌가 크고 장이 짧았다. 아슐 석기나 불의 사용은 소화하기 좋은 육식의 빈도를 증가시켰고 그로 인해 뇌가 커지고 장이 짧아졌다. 그리고 식사나 소화에 들어가는 시간이 줄어 여유를 갖게 된 인류는 그 남는 시간에 커진 뇌를 사용하기 시작했다. 시간의 여유가 생긴 인류는 의사소통을 하게 되었다. 그리고 다음 단계로 넘어갔다.

우리와 이어지는 인류의 출현

호모 에렉투스가 아프리카 바깥으로 진출한 후 아프리카에서는 새로운 인류가 출현했다. 호모 하이델베르겐시스가 그들이다. 호모 에렉투스의 일부에서 진화했을 것으로 추정되고 있지만 정확한 계통 관계는 분명하지 않다. 호모 하이델베르겐시스는 약 70만~20만 년 전에 살았던 인류로 그 화석이 아프리카 외에 유럽과 중국에서도 발견되었다. 뇌 용량은 약 1100~1400cc로 평균치는 사람보다 조금 낮지만, 사람의 변이 범위 내에 포함된다. 떡 벌어진 체격에 안와상 융기도 두드러진 네안데르탈인과 비슷한 인류였다. 실제로 호모 하이델베르겐시스로부터 네안데르탈인과 사람이 진화했

그림 10
독일 쇠닝겐의
이탄층에서 발견된
목제 창.

을 것으로 추정된다.

프랑스 지중해 연안의 테라 아마타 유적에서 약 38만 년 전의 것으로 추정되는 가장 오래된 오두막집의 흔적이 발견되었다. 커다란 돌을 타원형으로 세우고 그 돌의 안쪽에 어린 나무를 빈틈없이 세웠다. 지붕은 이 어린 나무의 끝을 교차시켜서 만들었다. 오두막 안에서 깊지 않은 구덩이를 파고 그곳에서 불을 사용했다. 이 오두막의 주인이 누구인지 정확히 알 수 없지만, 시기를 고려하면 호모 하이델베르겐시스일 가능성이 크다.

2부 멸종한 인류들

호모 하이델베르겐시스는 죽은 동물의 고기를 찾아다녔을 뿐만 아니라 사냥도 했던 듯하다. 독일의 쇠닝겐에서 약 30만 년 전의 나무로 만든 창이 몇 자루 발견되었다. 산소 함량이 매우 적은 토탄층에 매장되어 있었기 때문에 기적적으로 부패하지 않을 수 있었던 것 같다. 이 나무로 만든 창의 길이는 180센티미터 정도로 중심이 앞쪽에 있었다. 즉, 던지는 데 적합하도록 설계된 것이다. 다만 끝이 나무이기 때문에 예리하고 뾰족하게 깎기는 했으나 큰 동물의 가죽을 뚫기에는 역부족이었을 것이다. (이 창을 사용한 것은 호모 에렉투스와 네안데르탈인일 가능성이 크다.)

한편 쇠닝겐에서는 30센티미터 정도 길이의 전나무 가지도 발견되었다. 이 나뭇가지의 끝에는 패인 자국이 있었는데, 아마도 이 부분에 석기를 끼워 사용했을 것으로 추측된다. 날카로운 돌조각을 끈으로 묶었을 것이다. 그것을 사냥할 때 갖고 가서 나뭇가지 부분을 잡고 사냥감을 향해 찔렀을 것으로 생각된다. 이런 식으로 서로 다른 두 가지 물질(나뭇가지와 석기)을 조합해서 도구를 만드는 혁신적인 기술도 호모 하이델베르겐시스에서 시작되었을 것으로 추정된다.

호모 하이델베르겐시스는 아마 사냥을 하고 주거지를 마련하고 불을 사용하고 도구를 조립할 줄 알았을 것이다.

그리고 다음 세대로 이어지는 네안데르탈인과 우리 사람은 뼈의 형태적 특징으로 미루어 보아 이 호모 하이델베르겐시스에서 진화했을 가능성이 크다.

세계 최고가 된 것은 최근

현재 지구에서 가장 큰 뇌를 가진 동물은 향유고래이다. 그 무게만 8킬로그램 정도로, 사람의 여섯 배쯤 되는 크기다. 하지만 향유고래의 머리가 사람보다 좋을 거라 생각하는 사람은 없다. 향유고래는 뇌도 크지만, 몸집도 어마어마하게 크기 때문이다. 향유고래의 체중은 40~50톤 정도로 사람의 700배쯤 된다. 비율을 생각해 보면 향유고래의 뇌는 사람보다 훨씬 작은 셈이다.

뇌의 무게와 체중의 비율이 머리가 얼마나 좋은지에 대한 지표가 될 수 있을까? 만약 이 비율만 따진다면 그 수치는 작은 동물에게서 커지는 경향이 있다. 예를 들어, 사람의 뇌 무게는 체중의 약 2퍼센트이지만 땃쥐는 약 10퍼센트이다. 하지만 이 결과를 보고 사람보다 땃쥐의 머리가 더 좋다고 생각하는 사람은 없다.

그래서 몸의 크기가 서로 다른 동물의 뇌 크기를 비교

하기 위해 '뇌화腦化 지수'가 사용된다. 뇌화 지수란 뇌의 무게를 체중의 4분의 3으로 나눠 값을 얻는 방법이다. 이런 계산식을 사용하면 뇌 크기에 의한 편중이 사라져 서로 다른 종 사이의 뇌 크기를 비교할 수 있다고 한다.

하지만 뇌화 지수는 대략적인 수치만을 제공한다. 따라서 여기에서는 뇌화 지수를 맹신하면 문제의 소지가 있다는 점을 인지한 상태에서 뇌화 지수를 이용한 인류의 뇌 진화에 대해 생각해 보려고 한다.

인류는 약 700만 년 전에 침팬지류와 갈라졌다. 그 무렵 뇌화 지수는 약 2.1이었다. 당시 가장 뇌화 지수가 높았던 동물은 다름 아닌 돌고래였다. 돌고래의 뇌화 지수는 약 2.8이다. 그 당시 인류는 지구에서 가장 뇌가 큰 동물이 아니었다.

오스트랄로피테쿠스의 시대가 되어서도 뇌화 지수는 거의 변함이 없었다. 그러나 호모속이 나타나면서 뇌가 커지기 시작했다. 호모 에렉투스에서 돌고래를 추월했다. 뇌 크기는 변이가 상당해서 정확하게 말하기 어렵지만 대개 150만 년 전쯤의 일이었다. 그리고 현재 사람의 뇌화 지수는 약 5.1이다.

지구에서 인류가 가장 뇌화 지수가 높은 동물이 된 것

은 불과 150만 년 전으로, 최근의 일이다. 그 이전 수천만 년 동안 뇌화 지수가 가장 높았던 건 늘 돌고래였다.

뇌가 커진 또 다른 이유

인류의 뇌 용량 증가는 더 많은 육식을 하게 된 것과 관련이 있다고 앞서 지적했다. 그러나 그것만으로 설명되지 않는 현상이 있다. 육식을 시작하고부터 꽤 오랜 시간이 지난 뒤에도 인류의 뇌가 계속해서 커진 것이다. 게다가 그런 현상은 복수의 인류 계통에서 나타났다.

호모 하이델베르겐시스에서 진화한 네안데르탈인과 사람은 각각 독립적으로 뇌가 커졌다. 그와는 별개로 자바 원인 또한 자바섬에서 지내며 조금씩 뇌가 커졌다. 물론 모든 인류 계통의 뇌가 커진 것은 아니지만, 대부분의 경우 독립적으로 뇌가 커진 것은 사실이다.

인류는 다양한 곳에 살았기 때문에 환경이 그 원인이라고 생각하기는 어렵다. 네안데르탈인은 추운 곳에서 살았고 사람과 자바 원인은 더운 곳에서 살았다. 또 사람이 살았던 아프리카 대륙과 자바 원인이 살았던 자바섬은 기후가 매우 다르다. 게다가 사람은 아프리카를 떠나서 세계 곳곳으로 퍼져 나갔다. 그러나 뇌의 크기는 그대로 유지되었고, 따라서 뇌가 커진 이유를 공통의 환경적 요인에서 찾는 것은 무리다.

포유류 중에서는 사회적 동물의 뇌가 더 크다고 보고된다. 특히 영장류는 그들이 속한 무리의 크기가 클수록 대뇌 신피질의 크기가 커지는 경향이 있다. 신피질은 대뇌 중에서도 가장 고도의 정보 처리를 담당하는 영역이다.

많은 영장류는 무리를 이룬다. 무리를 만들면 장점이 있기 때문이다. 곤충 등을 먹는 영장류는 시각뿐 아니라 후각을 이용해서도 먹이를 찾을 수 있다. 그래서 야행성으로 홀로 지내는 경우도 많다. 그러나 열매를 먹게 된 영장류는 시각이 중요해졌다. 특히 색깔을 식별할 수 있으면 무성한 잎 사이에서 열매를 찾아내거나 먹을 수 있는 열매인지 아닌지를 판단할 수 있게 된다. 그러나 시각을 활용하기 위해서는 밝은 대낮에 움직여야 했고, 따라서 포식자에게 공격당할 위험이 커진다. 그런 이유로 홀로 지내기보다 무리를 지어 살게 된 것이다. 포식자를 발견하기 쉬울 뿐만 아니라 포식자에게 공격을 당했을 때 잡아먹힐 가능성도 낮아진다. 그 외에도 무리를 이루면 좋은 점이 있다. 가령 먹을 것을 찾거나 다른 무리와 싸움을 벌일 때 유리하다. 이런 무리 효과는 여러 연구를 통해 증명되어 왔다.

무리 생활의 단점도 있다. 무리 속에서 높은 순위를 점하는 것도 힘든 일이고 무리 속 개체를 식별하거나 누가 누구와 가까운 사이인지 기억해야 할 필요도 있다. 무리가 커지고 개체 간 관계가 복잡해지면 무리 속의 다른 개체를 속이는 일도 자주 일어난다. 예를 들면, 암컷 고릴라는 종종 무리에서 조금 떨어진 곳으로 가서 순위가 낮은 수컷과 몰래 교미를 한다. 그때는 평소 교미할 때와는 달리 큰 소리를 내지 않는다는 것도 관찰된다.

영장류의 뇌 크기는 이렇게 복잡한 관계를 처리하기 위해 자연 선택을 거쳐 커져 온 것으로 생각된다. 그리고 무리를 이루면 뇌 크기의 증가에 영양학적 기반이 되는 육식에도 유리해진다. 무리가 협력해서 동물의 사체를 발견하거나 사체에서 떼어 낸 고기를 분배한다면 개체의 생존과 번식에 유리해지기 때문이다.

복잡한 사회관계가 뇌의 크기와 관련 있다는 사실은 인류 이외의 동물에게도 적용되는 것으로 보인다. 코끼리나 고래가 사회를 조직할 수 있는 것은 그들이 비교적 큰 뇌를 가지고 있기 때문일 것이다. 고래 중에서도 돌고래는 특히 큰 뇌를 갖고 있다. 그것은 그들의 복잡한 사회 관계와 음파를 이용한 의사소통과 관련이 있다.

물론 인지 능력에도 여러 형태가 알려져 있다. 까마귀는 사회적인 동물로서, 뇌의 크기도 크다. 하지만 그들에게서는, 영장류와 달리, 무리의 크기와 뇌의 크기 사이에 관계가 없는 듯하다.

까마귀 중에서도 칼레도니아까마귀는 특히 뛰어난 인지 능력을 가지고 있다. 칼레도니아까마귀는 부리를 사용해 큰 가지에서 작은 가지를 떼어 내고 그 끝을 구부려 갈고리 모양을 만들 수 있다. 이것을 나무 틈새에 넣어 그 속에 있는 곤충을 긁어낸다. 도구를 사용할 뿐만 아니라 만들 줄도 아는 것이다. 게다가 칼레도니아까마귀는 도구를 소중하게 다루기도 해서 사냥에 나갈 때는 그것을 나무 위에 보관한다. 칼레도니아까마귀는 규모가 작은 가족을 이루고 산다. 하지만 다른 까마귀와는 거의 교류하지 않는다. 무리의 크기가 뇌의 크기와 관련 있는 영장류와는 다른 형태의 인지 능력을 가진 듯하다.

공룡이 지적 생명체로 진화했을 가능성

때때로 지구상에 인류보다 먼저 지적 생명체가 진화했을 가

그림 11
백악기 후기의 공룡 트로오돈. 큰 눈과 활용도가 높은 앞발을 가지고 있다.
《NHK 스페셜 생명 대약진》(NHK출판, 2015년)에서 전재.

능성이 제기된다. 그 주인공은 공룡이다. 만약 약 6600만 년 전 대멸종이 일어나지 않고 공룡이 아직 살아남았다면 인류보다 먼저 공룡이 지적 생명체로 진화했을 것이라는 상상이다. 예를 들면 백악기(약 1억 4500만~6600만 년 전) 후기의 공룡 트로오돈 등이 지적 생명체의 조상 후보로 꼽힌다. 트로오돈은 키가 약 2미터 정도의 소형 공룡으로 기본적으로 육식을 한 것으로 보인다. 앞발의 세 발가락 가운데 하나가 다른 발가락과 마주 보기 때문에 물건을 집는 능력이 있었을 가능성도 있다. 큰 눈이 정면을 향하고 있어서 입체적으로 보는 것도 가능했을 것이다. 그리고 무엇보다 뇌가 컸다. 현재 살아 있는 어떤 파충류보다 컸고 새에게 필적할 정도였다. 그 때문에 트로오돈은 공룡 중에서 가장 인지 능력이 높았을 것으로 생각된다.

트로오돈의 몸무게는 50킬로그램 정도였을 것으로 추정되는데 우리 사람과 비슷하거나 조금 가벼운 정도이다. 그러나 뇌 용량은 50cc 정도로 약 1350cc인 우리와 비교하면 매우 작다. 따라서 트로오돈의 인지 능력은 그리 높지 않았을 것이다. 아마 오늘날 조류의 평균 정도로, 칼레도니아까마귀보다 낮았을 것이다. 하지만 그 이후 진화를 통해 뇌가 커졌다면 지적 생명체가 되었을지도 모를 일이다.

엄밀하게 말하면 공룡은 멸종한 것이 아니다. 새는 소형 육식 공룡의 자손이기 때문에 계통적으로는 완전히 공룡이다. 트로오돈은 멸종했지만 그들과 비슷한 두 발로 걷는 소형 육식 공룡은 조류로 진화했다. 칼레도니아까마귀처럼 인지 능력이 높은 종도 나타났다. 하지만 사람과 같은 지적 생명체는 나타나지 않았다. 약 6600만 년 전 대멸종이 없었다

하더라도 고도로 지적인 공룡이 태어나지는 못했을 것이다. 사람의 높은 인지 능력에는 직립 이족 보행이 직간접적으로 중요한 역할을 했다. 그러나 오늘날 조류 가운데, 그리고 인류 이외의 모든 생물 가운데에서도, 직립해서 두 발로 걷는 새는 없다.

물론 대멸종이 없었다면 상황은 크게 달라졌을 것이다. 공룡 사이에서 직립 이족 보행이 나타났을 수도 있고 꼭 직립 이족 보행이 아니더라도 지적 생명체로 진화하는 길이 있었을지 모른다. 아무튼 지나친 공상은 이쯤에서 접고 다시 인류의 이야기로 돌아가 보자.

2부 멸종한 인류들

3부

호모 사피엔스는
현재 진행 중

10장 |||||||| 네안데르탈인은 어떻게 번영했을까

가장 유명한 화석 인류

우리 사람과 가장 가까운 인류는 호모 네안데르탈렌시스, 즉 네안데르탈인이다. 멸종한 인류 가운데 최초로 화석이 발견된 종으로서 화석의 수도 많아 가장 유명해진 화석 인류다.

네안데르탈인은 호모 하이델베르겐시스에서 진화했을 것으로 추정된다. 호모 하이델베르겐시스는 아프리카에서 유럽, 중국까지 생활 영역을 넓혔는데 그 가운데 유럽의 집단 일부가 네안데르탈인으로 진화한 듯 보인다. 스페인의 아타푸에르카에는 쿠에바 마요르 동굴이 있다. 이 동굴의

그림 12

네안데르탈인. 호모 사피엔스보다 키가 조금 작고 단단한 체형을 갖고 있다.

일러스트: 츠키모토 카요미《NHK 스페셜 지구 대진화 ─ 46억 년 · 인류로의 여행 6》

(NHK출판, 2004년)에서 전재.

3부 호모 사피엔스는 현재 진행 중

안쪽에는 아래로 곧게 파인 수혈竪穴이 있는데 그곳에서 약 30만 년 전에 살았던 인류의 화석이 다량 발견되었다. '시마 데 로스 우에소스'(해골의 구덩이)의 인류는 일단 호모 하이델베르겐시스로 인정받고 있다. 안와상 융기가 두드러지고 네안데르탈인의 특징도 갖고 있기 때문에 네안데르탈인의 조상일 가능성이 있다.

이처럼 약 30만 년 전이 되면 네안데르탈인의 특징을 지닌 형태의 화석이 출토되기 시작한다. 그리고 약 12만 5000년 전의 온난한 간빙기에 접어들자 네안데르탈인의 유적은 급증한다. 약 7만 년 전에 한랭화가 시작되자 유적은 지중해 연안까지 남하했고 그 숫자도 감소했다. 약 6만 년 전에 온난화가 시작되면 유적 숫자는 다시 증가해서 유럽 북부까지 확장된다. 그러나 약 4만 8000만 년 전의 한랭화로 네안데르탈인의 인구가 줄어들기 시작했고 약 4만 7000년 전에 호모 사피엔스가 유럽에 들어가면서 다시 인구가 회복되지 못했다. 결국 네안데르탈인은 4만 년 전에 멸종했다.

네안데르탈인이 멸종한 시기에 대해서는 한때 약 3만 년 전이라는 의견도 있었다. 또 그들이 약 2만 년 전까지 스페인에서 살아남아 있었다는 주장도 있다. 그러나 이제까지의 연대 측정치가 여러 연구를 통해 재검토되었고 약 4만 년 전쯤에 네안데르탈인이 멸종했다는 것이 거의 확실해졌다. 다만 약 3만 9000년 또는 3만 8000년 전의 유적이 네안데르탈인의 것인지 아닌지를 두고 논의 중에 있어 멸종 시기가 3만 8000년으로 바뀔 가능성도 있다. 그러나 현재 시점에서는 네안데르탈인이 약 4만 년 전쯤에 멸종한 것이 정설이다.

유럽의 유일한 인류

네안데르탈인의 이야기는 약 30만 년 전에서 시작해 약 4만 년 전에 끝난다. 이들은 지구에 펼쳐진 생물의 역사에서 우리 사람과 가장 가까운 생물이며 또 (사람 외에) 가장 최후까지 살아남았던 인류이기도 해서 어딘지 모르게 이들의 멸종이 슬프게 느껴진다. 특히 네안데르탈인이 멸종을 향해 가고 있던 마지막 수천 년 시기는 더욱 비애를 느끼게 만든다. 만약 네안데르탈인의 이야기를 5만 년 전에서 멈추면 어떻게 될까? 다른 인류를 멸종으로 몰아넣고 유럽의 유일한 인류로 번영을 누렸던 네안데르탈인의 모습이 보일 것이다.

네안데르탈인이 유럽에 나타났을 때 그곳에는 이미 호모 하이델베르겐시스가 살고 있었다. 그러나 그 이후 호모 하이델베르겐스는 멸종했고 네안데르탈인이 유럽의 유일한

　　　　　3부 호모 사피엔스는 현재 진행 중

인류가 되었다.

어떻게 호모 하이델베르겐시스가 멸종하고 네안데르탈인이 살아남았는지는 확실하지 않다. 그러나 호모 하이델베르겐시스보다 네안데르탈인이 뛰어난 기술을 사용한 것은 확실한 듯하다. 호모 하이델베르겐시스도 도구를 조립해서 사용했다. 30센티미터 정도의 나무 끝에 홈을 파고 석기를 끼워 창으로 사용했다. 그리고 접착제와 같은 것을 사용한 흔적이 없기에 아마 끈으로 묶어서 나무와 석기를 고정했을 것으로 생각된다. 한편 네안데르탈인은 천연수지를 접착제로 사용한 것으로 보인다. 참고로 네안데르탈인이 석기와 나뭇가지를 조합해서 창으로 사용하기 시작한 것은 25만 년 전쯤의 일이다.

또 호모 하이델베르겐시스가 어느 정도의 큰 동물을 사냥했는지는 확실하지 않지만, 네안데르탈인은 코끼리를 사냥한 일도 있는 듯하다. 네안데르탈인이 살았던 때의 유럽에서는 곧게 뻗은 상아가 특징적인 대형 코끼리가 살았다. 약 12만 5000년 전 독일 쇠닝겐 유적의 이 코끼리 늑골 부위에서 나무로 만든 창의 끝이 발견되었다. 또 약 4만 년 전에 네안데르탈인이 살았던 것으로 생각되는 동굴에서는 매머드의 뼈도 발견되었다. 이를 통해 네안데르탈인은 창을 손에 쥐고 찌르는 도구로 사용한 것으로 보인다. 투창기投槍器가 없어서 상당히 가까운 곳에서 사용했을 것이다. 하지만 그것으로 건강한 코끼리를 사냥하는 것은 어려웠을 것이다. 어쩌다가 상처를 입고 약해진 코끼리가 사냥감이지 않았을까 생각된다.

네안데르탈인이 일상적으로 동물을 사냥하게 된 것은 수만 년 전일 것이다. 이탈리아의 약 12만 년 전 유적에 있었던 짐승의 뼈에는 머리뼈가 많았다. 육식 동물은 머리뼈를 먹지 않고 남기는 일이 많다는 점에서 이곳에서 살았던 네안데르탈인은 죽은 동물의 고기를 찾아다닌 것으로 보인다. 한편 시간이 지나 약 5만 년 전의 유적에서는 머리뼈뿐만 아니라 몸통 여러 부위의 뼈가 남아 있었다. 그를 통해 약 5만 년 전에는 네안데르탈인이 사냥을 시작했을 것으로 추정한다. 사냥감은 염소나 말, 순록 등이 많았다.

또 같은 네안데르탈인이라고 해도 지역에 따라 차이가 났던 듯하다. 이탈리아보다 독일에서 먼저 사냥이 성행했던 것으로 보인다. 그러나 이는 지역의 차이가 아니라 단순히 집단의 차이 때문이었을 가능성도 여전히 존재한다. 여하튼 네안데르탈인이 호모 하이델베르겐시스보다 큰 동물을 사냥했을 가능성이 매우 크다.

이처럼 앞선 기술을 사용한 이유 가운데 하나로 네안데르탈인의 뇌가 크다는 것을 들 수 있다. 호모 하이델베르겐시스의 뇌 용량은 대체로 1250cc 정도였는데 네안데르탈인의 뇌 용량은 1500cc 정도였고 1700cc를 넘기는 일도 드물지 않았다.

네안데르탈인이 살았던 환경

네안데르탈인은 생활 영역을 넓혀 서쪽으로는 스페인 남단인 지브롤터, 동쪽으로는 시베리아의 알타이산맥까지 도달한 듯하다. 네안데르탈인은 한랭한 곳에 적응한 인류라는 이미지가 강하다. 분명 추운 지역에 살았던 네안데르탈인이 많긴 했으나 이들은 다양한 환경에서 살 수 있는 강인하고 적응력이 뛰어난 종이었다.

네안데르탈인의 몸이 한랭한 지역에 적응했다고 생각한 가장 큰 근거는 단단한 체격이다. 분명 가는 다리보다는 두꺼운 다리가 차가움을 덜 느끼기 때문에 추위에 강할 것으로 생각된다. 그러나 네안데르탈인의 조상으로 생각되는 호모 하이델베르겐시스도 아프리카에서 살았던 때부터 단단한 체격을 갖고 있었다. 네안데르탈인의 두껍고 강인한 몸은 유럽이라는 추운 지역에 와서 진화한 것이 아니다. 어느 정도는 원래부터 두껍고 강인했다.

한랭한 환경에 적응하기 위해 두꺼운 몸으로 진화한 생물로 고래가 떠오른다. 고래는 북극해와 같은 추운 바다에서도 태연하게 살아간다. 북극해의 수온은 영하 2도까지 내려가기 때문에(염분 때문에 바닷물은 0도에서 얼지 않는다) 보통의 동물이라면 살 수가 없다 고래가 북극해에서 살 수 있는 것은 두꺼운 지방층 덕분이다. 고래의 피하 지방층은 50센티미터가 되는 것도 있을 정도여서 몸이 땅딸막하게 보인다.

만약 체중이 80킬로그램인 네안데르탈인이 피하 지방으로 혹한기를 견뎌야 한다면 지방이 50킬로그램은 돼야 가능하다는 계산도 보고되어 있다. 몸을 조금 두껍게 한다고 해서 가능한 일이 아니다. 아마 네안데르탈인은 현재의 북극권에 사는 사람들처럼 추위를 이기기 위해 옷이나 불과 같은 문화적 수단을 활용했을 가능성이 매우 크다.

한편 네안데르탈인의 피부색은 하얀색이었을 것이다. 피부는 자외선을 흡수해서 비타민D를 만든다. 비타민D가 부족하면 뼈가 약해지고 구루병이나 연화증을 유발할 수도 있다. 따라서 일광욕을 하는 것이 매우 중요한데 지역에 따라 자외선의 강도가 달라 일광욕을 해야 하는 시간도 달라진다. 저위도 지역에서는 하루에 몇 분 정도 일광욕을 하면 충분하지만, 고위도 지역에서는 하루에 몇 시간을 해도 모자라기도 한다. 그래서 고위도 지역에 살면 피부의 멜라닌 색소가 줄고 피부색이 하얗게 변해 많은 자외선을 흡수할 수 있게 된다.

12장에서 살펴볼 스페인 엘시드론 동굴에서 발견된 네안데르탈인의 뼈에서 DNA가 추출되었다. 멜라닌 색소의 생산에 관여하는 MC1R 유전자를 분석한 결과 네안데르탈인 특유의 돌연변이가 발견되었다. 네안데르탈인은 이 유전자의 활성이 저하되어 있었는데, 이는 네안데르탈인이 멜라닌 색소를 거의 만들지 못했고 피부가 하얀색이었음을 의미한다. 물론 네안데르탈인의 피부가 하얀색이었다는 것은 예상했지만 유전자로 재확인된 것은 중요하다.

유럽이라는 비교적 고위도의 지역에 살았던 네안데르탈인의 피부색은 흰색이었다. 그러나 단단한 체격은 한랭지의 적응이라기보다는 그들의 조상으로부터 물려받은 것이었다. 추위를 견디는 데는 단단한 체격도 조금 도움이 되었겠지만 그보다는 옷이나 불이라는 문화적 수단이 훨씬 효과적이었을 것이다.

생각해 보면 오히려 우리 호모 사피엔스가 특이했다.

단단한 체격을 가진 호모 하이델베르겐시스나 네안데르탈인과 달리 호모 사피엔스는 가늘고 가냘픈 몸을 갖고 있다. 그런데 호모 사피엔스는 네안데르탈인보다 추위에 강했다. 그에 대해서는 나중에 네안데르탈인의 멸종을 다룰 때 검토하려고 한다.

유럽에 살았던 호모 하이델베르겐시스의 일부가 약 30만 년 전에 네안데르탈인으로 진화했다. 처음에 그 수가 적었던 네안데르탈인은 서서히 인구를 늘렸다. 화석이나 유적의 양을 통해 추측해 보면 호모 하이델베르겐시스와 네안데르탈인은 인구 수가 별로 많지 않았던 듯하다. 따라서 호모 하이델베르겐시스의 생활을 압박해서 멸종으로 내몰 정도로 네안데르탈인이 많았다고 생각하기 힘들다. 그들 사이의 차이는 오히려 한랭화에 대한 문화적인 적응력에 있었던 것 같다. 네안데르탈인이 옷이나 불 등에 대해 더 많이 연구했던 것이다. 호모 하이델베르겐시스는 서서히 그 수가 줄었고 결국 멸종에 이르게 되었다. 그리고 네안데르탈인은 유럽에서 유일한 인류가 되었다. 호모 사피엔스가 나타나기 전까지는 말이다.

11장 ▐▌▌▌▌▌▌ 호모 사피엔스가 등장하다

30만 년 전의 화석은 호모 사피엔스인가

아프리카를 떠나 유럽에 정착한 호모 하이델베르겐시스의 일부에서 네안데르탈인이 진화했다. 한편 아프리카에 머물렀던 호모 하이델베르겐시스(또는 그와 가까운 종)의 일부는 호모 사피엔스로 진화했을 것으로 생각된다. DNA 분석에 따르면 호모 사피엔스와 네안데르탈인이 갈라진 것은 약 40만 년 전의 일이었다. 하지만 그 시대에는 아직 호모 사피엔스와 네안데르탈인이 없었다. 40만 년 전이라는 연대는 호모 하이델베르겐시스 중에서 집단이 분리된 때를 표기한

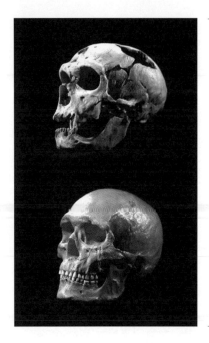

그림 13
네안데르탈인(위)과 호모
사피엔스(오른쪽)의 두개골
《NHK 스페셜 지구 대진화
—46억년·인류로의 여행 6》
(NHK출판, 2004년)에서 전재.

것이다. 즉, 유럽으로 향한 집단과 아프리카에 머문 집단이
갈라진 시기를 뜻하는 것이다. 네안데르탈인과 호모 사피엔
스가 출현한 것은 그로부터 10만 년이 더 지난 뒤의 일이다.

호모 사피엔스의 특징 가운데 하나는 이마의 모양이 뚜
렷하다는 것이다. 다른 인류의 이마는 수평에 가까운데 호모
사피엔스의 이마는 튀어나와 직각에 가깝다. '이마'가 있다는
게 우리의 특징이라는 말이다. 이것은 고도의 사고를 담당하
는 대뇌 전두엽의 크기가 커진 덕분이다. (다만 호모 사피엔스

와 네안데르탈인의 전두엽의 크기는 거의 비슷하다.) 안와상 융기가 낮아져서 사라진 것도 또 다른 특징이다. 여기에 턱이 작아지고 안면이 뒤로 들어가며 상대적으로 턱의 끝이 돌출되었다. 즉, 아래턱이 발달한 것도 우리의 특징 가운데 하나이다.

이런 특징은 뼈의 형태를 통해 밝혀진 것으로서 해부학적 특징이라고 말한다. 그리고 해부학적 특징으로 호모 사피엔스라고 판명된 인류를 해부학적 호모 사피엔스(해부학적 현생 인류)라고 부른다. 행동이나 인지 능력에서는 현재의 호모 사피엔스와 차이가 날지도 모르지만, 오늘날의 호모 사피엔스와 같은 뼈의 형태를 가진 인류를 해부학적 호모 사피엔스라고 부른다는 말이다.

물론 같은 형태인지 아닌지를 판단하는 것은 간단한 일이 아니다. 우리는 하나하나 조금씩 형태가 다르다. 얼굴 생김새가 다른 것에서도 확인할 수 있다. 만약 인류의 화석이 발견되어 그 특징이 현재의 호모 사피엔스의 변이 범주 내에 있다면 그 화석을 호모 사피엔스라고 하는 것에는 문제가 없다. 특징이 호모 사피엔스의 변이 속에 포함되지 않고 전혀 다른 경우 그 화석이 '호모 사피엔스가 아니'라고 하는 것에도 문제가 없다. 하지만 변이 범주에 아슬아슬하게 걸쳐 있는 경우는 어떻게 해야 할까?

옛 호모 사피엔스의 화석 중에 에티오피아의 오모 분지에서 발견된 약 19만 5000년 전의 두개골이 유명하다. 이 화석의 특징은 엄밀하게 말하면 현재의 호모 사피엔스의 변이 속에 포함되지 않는다. 그렇지만 매우 유사해서 호모 사피엔스로 인정을 받았다.

모로코의 제벨 이루드 유적에서 출토된 약 30만 년 전의 화석은 오모 분지의 화석보다 아주 조금 더 현재의 호모 사피엔스에서 멀어진 것이다. 이마의 각도도 낮았고 안와상 융기도 작지 않았다. 그러나 안면이 뒤로 들어갔고 아래턱도 있으며 치이도 현재의 호모 사피엔스와 유사했다. 이 화석을 호모 사피엔스라고 부를지 말지에 대해 아직 논의가 진행 중이지만 현재의 호모 사피엔스와 직접 연결되는 계통일 가능성은 매우 크다. 만약 그렇다면 이제까지는 약 20만 년 전이라고 생각되었던 호모 사피엔스의 기원이 약 30만 년 전으로 수정되어야 할 것이다.

양쪽으로 날이 있는 돌칼, 나무 열매 등을 갈기 위해 사용했을 것으로 추측되는 돌 접시, 착색하는 데 편리한 안료(색이 있는 분말) 등은 이미 약 28만 년 전의 것들이 아프리카에서 발견되기 시작했다. 이는 호모 사피엔스가 만든 것으

3부 호모 사피엔스는 현재 진행 중

로 추정된다. 그러나 이제까지 호모 사피엔스의 가장 오래된 뼈는 약 20만 년 전의 것이었다. 그래서 형태의 측면에서 호모 사피엔스화가 일어나기 전에 행동의 측면에서 호모 사피엔스화가 시작되었을 것이라는 의견도 있다. 행동의 진화가 형태의 진화를 촉진했을 것이라는 의견이다. 그러나 호모 사피엔스의 기원이 약 30만 년 전까지 거슬러 올라가면 억지로 그렇게 생각할 필요가 없어진다. 자연스럽게 약 28만 년 전의 돌칼, 돌 접시, 안료는 호모 사피엔스가 만든 것이 된다.

미토콘드리아 이브는 인간의 기원이 아니다

약 20만 년 전에 아프리카에 살았던 한 명의 여성이 현재 모든 사람의 조상이라는 이야기가 있다. 이것은 미토콘드리아 DNA를 조사한 끝에 나온 주장이기 때문에 이 여성을 미토콘드리아 이브라고 부른다. 그런데 만약 호모 사피엔스의 기원이 20만 년 전에서 30만 년 전으로 바뀌면 이 미토콘드리아 이브 가설에 모순이 생길 수 있다는 주장이 있다. 하지만 그런 걱정은 할 필요가 없다. 전혀 모순되지 않는다. 아니 호모 사피엔스의 기원과 미토콘드리아 이브 사이에는 원

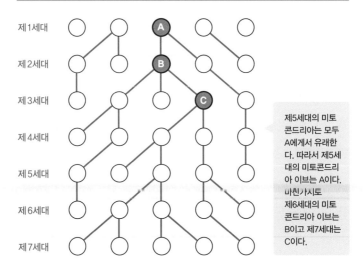

제1세대

제2세대

제3세대

제4세대

제5세대

제6세대

제7세대

제5세대의 미토
콘드리아는 모두
A에게서 유래한
다. 따라서 제5세
대의 미토콘드리
아 이브는 A이다.
마찬가지로
제6세대의 미토
콘드리아 이브는
B이고 제7세대는
C이다.

그림 14

미토콘드리아 이브의 유전 방식. ○ 는 개체를, 선은 모자 관계(미토콘드리아가 유전하는 경로)를 보여 준다.

래부터 아무런 관계가 없었다.

사람의 세포 속에 DNA가 저장된 곳은 두 군데, 즉 핵과 미토콘드리아이다. 그러나 미토콘드리아에 있는 DNA는 핵에 있는 DNA와 비교하면 그 양이 아주 조금이다. 미토콘드리아 DNA는 핵 DNA의 약 20만 분의 1에 불과하다.

한편 미토콘드리아 DNA에는 독특한 특징이 있다. 그것은 모계 유전을 한다는 점이다. 핵 DNA는 아버지와 어머니로부터 절반씩 아이에게 전달된다. 그러나 미토콘드리아 DNA는 아버지는 제외하고 어머니 홀로 아이에게 전한다. 이런 유전의 방법을 모계 유전이라고 부른다.

당신의 미토콘드리아 DNA는 당신 어머니로부터 전해진 것이다. 그리고 당신 어머니의 미토콘드리아 DNA는 어머니의 어머니, 즉 당신의 외할머니로부터 전해진 것이다. 따라서 당신의 미토콘드리아 DNA는 당신 외할머니의 미토콘드리아 DNA와 같다.

당신에게는 아버지와 어머니를 합쳐서 두 명의 할아버지와 두 명의 할머니가 있다. 당신은 양쪽의 조부모로부터 핵 DNA를 4분의 1씩 받았다. 따라서 이들 조부모는 모두 공평하게 당신의 조상이 된다. 그런데 당신의 미토콘드리아 DNA는 외할머니에게서만 받은 것이다. 따라서 미토콘드리아 DNA만을 생각하면 당신의 외할머니만이 조상이고 다른 세 명의 조부모는 조상이 아닌 셈이다. DNA의 양만 생각했을 때 미토콘드리아 DNA는 핵 DNA와 비교하면 무시해도 좋을 정도로 적다. 따라서 통상 핵 DNA만을 따지면 되고 네 명의 조부모는 모두 공평하게 당신의 조상이 된다.

당신에게는 부모가 두 명 있다. 조부모가 네 명 있다. 증조부모가 여덟 명 있다. 위로 올라가면 갈수록 당신의 조상은 늘어난다. 만약 20만 년 전까지 올라가면 당신의 조상의 수는 어마어마하게 많아질 것이다. 그렇지만 그것은 핵 DNA로 생각한 경우이고 미토콘드리아 DNA로 생각하면 당신의 조상은 한 명뿐이다. 그리고 그 사람은 아프리카에 살고 있었다.

하지만 이런 사실은 당시 우리들의 조상(핵 DNA로 생각한 일반적인 의미의 조상)이 모두 아프리카에서 살고 있었음을 의미하지 않는다. 다른 조상은 전 세계에 살았을지도 모른다. 그 무렵 인류는 세계 곳곳에 살고 있었지만 우연히 미토콘드리아 조상에 해당하는 한 명이 아프리카에 살았을 뿐일 수도 있다.

즉, 당시 사람이 전부 아프리카에 살고 있었다면 미토콘드리아 이브도 아프리카에 살고 있었을 것이다. 그러나 미토콘드리아 이브가 아프리카에 살았다고 해서 당시 사람이 전부 아프리카에 살고 있었다고 단정할 수는 없다. 아프리카 이외의 장소에 사람이 살고 있었는지 아닌지에 대해 미토콘드리아 이브는 아무것도 알려 주지 않는다. 알려 주는 것은 오직 하나뿐이다. 당시 아프리카에 사람이 살고 있었다는 사실뿐이다.

현재 많은 과학자는 '약 20만 년 전에는 사람은 아프리

3부 호모 사피엔스는 현재 진행 중

카에서만 살았다'고 생각하고 있고 그것은 옳을 것이다. 이 가설은 화석을 통해 추측된 것이지 미토콘드리아 이브에서 추측된 것이 아니다. 만약 약 20만 년 전의 미토콘드리아 이 브가 아프리카 이외의 장소에 살고 있었다면 이 가설은 부 정될 것이다. 그렇지만 미토콘드리아 이브는 아프리카에 살 고 있었다. 따라서 이 가설은 부정되지 않았다. 오히려 정확 한 가설이 되었다.

미토콘드리아 이브는 어느 시대에나 존재한다

앞서 살펴본 방식으로 사람과 네안데르탈인의 공통된 미토 콘드리아 이브를 생각해 볼 수 있다. 그녀는 약 50만 년 전 에 살았을 것으로 추정된다. 그렇다면 미토콘드리아 이브에 게는 또 다른 면이 있다. 지구상에 100명의 여성이 있다고 해 보자. 그 경우 100종류의 미토콘드리아 DNA가 있다는 말이 된다. 그리고 각각의 여성이 결혼해서 아이를 낳는다. 그리고 그 아이도 결혼해서 아이를 낳는다. 100개의 미토콘 드리아 DNA 계통이 대를 이어 자손에게 전해지게 된다.

그러나 아이를 낳을지 말지는 개인의 자유이기 때문에 그중에는 아이를 낳지 않는 여성도 있을 것이다. 또 모두 남자아이만 낳은 여성도 있을 것이다. 이런 경우 미토콘드리아는 자손에게 이어지지 않는다. 거기서 끝이다. 그리고 긴 시간이 지나면 처음 100개였던 계통의 수도 점점 줄어들게 된다. 여기서 우리는 미토콘드리아 계통은 줄어들 수는 있어도 늘어나지는 않는다는 걸 알 수 있다. 그리고, 예를 들면 1000년 후에, 결국 계통이 하나만 남았다고 해 보자. 살아남은 미토콘드리아는 100명의 여성 중 한 명이 가지고 있던 미토콘드리아다. 따라서 이 한 명의 여성이 1000년 후 모든 사람의 미토콘드리아 이브가 되는 것이다.

그렇다면 1000년 후 미토콘드리아 DNA는 모두 같아지는 것일까? 아니, 그렇지 않다. 1000년 동안 돌연변이가 계속 일어나기 때문에 1000년 후의 미토콘드리아 DNA도 각각 조금씩 달라진다. 실제 미토콘드리아 DNA는 10만 년 동안 1000개의 염기쌍 가운데 약 3개가 돌연변이를 일으킨다. 따라서 지금 얘기하고 있는 1000년이라는 시간은 너무 짧은 시간이지만 여기서는 일단 무시하도록 하자. 지금이나 1000년 전이나 상황은 다르지 않다. 현재 살아 있는 여성 가운데 한 명이 미래의 모든 사람들에게 미토콘드리아 이브가 된다.

즉, 어느 시대든 미토콘드리아 이브는 반드시 한 명이

라는 말이다. 현재 인류의 미토콘드리아 이브는 우연히 약 20만 년 전 아프리카에 있었다. 단지 그뿐이다. 그리고 지금 살아 있는 수십억 명의 여성 가운데 한 명이 미래의 미토콘드리아 이브가 된다. 25년 정도 전에는 그녀의 어머니가 미토콘드리아 이브였다. 50년 전쯤에는 그녀의 외할머니가 미토콘드리아 이브였다. 그리고 앞으로는 그녀의 딸 가운데 한 명이 미토콘드리아 이브가 된다. 하지만 현재의 미토콘드리아 이브가 누구인지는 몇십만 년이 지나지 않으면 알 수 없다.

12장

인지 능력에
차이가 있었을까

형태가 바뀌면 기능도 바뀐다

호모속의 시대가 열리며 큰 뇌를 가진 인류가 여러 종 나타났다. 뇌의 대형화는 네안데르탈인에서 최고조에 달했다. 평균 약 1550cc에 이르는 네안데르탈인의 뇌는 인류 역사상 가장 컸다. 내가 평소 생활하는 방 아래층에는 네안데르탈인의 두개골이 전시되어 있는데 그 용량이 약 1740cc나 된다. 사람의 뇌가 평균 1350cc 정도이니, 우리는 두 번째로 뇌가 큰 인류인 셈이다.

우리 사람의 뇌는 대뇌, 간뇌, 뇌간, 소뇌로 나뉜다. 대뇌는 다시 바깥쪽인 대뇌피질과 안쪽인 대뇌기저핵으로 나뉜다. 대뇌피질은 다양한 정신 활동을 담당하는데, 특히 인지 능력과 관련이 있는 것으로 알려져 있다.

인지 능력이란 '주변의 정보를 받아들여 처리하거나 축적해서 어떤 반응을 하기 위해 이용하는 것'을 뜻한다. 학습, 기억, 추론, 의사 결정 등 여러 가지 정신 활동이 여기에 포함되므로 한마디로 표현하기 어려운 개념이다. 대체로 '지능'이나 '머리가 좋다'라고 말할 때의 '머리'에 해당한다고 생각하면 이해하기 쉽다.

이 인지 능력과 관련 있는 대뇌피질은 네 부분으로 나뉜다. 전두엽, 두정엽, 측두엽, 후두엽이 그것이다. 각각의 부분에서 담당하는 활동이 다르고 그중에서도 기능이 세분화되어 있다. 따라서 뇌의 형태가 바뀌면 그 기능도 변화할 가능성이 있다.

실제로 네안데르탈인의 뇌는 우리 뇌보다 클 뿐만 아니라 형태도 다르다. 네안데르탈인의 뇌는 앞뒤로 길지만 높지 않으며 양옆과 뒤로 돌출되어 있다. 그에 비해 사람의 뇌는 구형에 가깝고 높이가 있으며 앞쪽이 크다. 형태가 사뭇 다르다. 우리가 지금까지 봐 왔던 인류의 뇌와 비슷한 것은 네안데르탈인의 뇌다. 사람의 뇌는 이른바 전통적인 인류의

3부 호모 사피엔스는 현재 진행 중

뇌 형태에서 벗어난 형태를 가지고 있다.

따라서 뇌의 크기나 형태에서 받은 첫인상은 이렇다. 네안데르탈인의 뇌는 이전의 인류와 비슷한 형태지만 그 기능이 뛰어나고 사람의 뇌는 전체의 성능은 다소 뒤지지만 새로운 형태를 하고 있다는 것이다. 하지만 이것은 단지 뇌의 형태에 기초한 인상인 만큼 다른 자료 또한 검토해 보기로 하자.

네안데르탈인의 문화

오스트랄로피테쿠스 아파렌시스 또는 그와 유사한 종이 약 330만 년 전에 사용했을 가능성이 큰 석기나 약 260만 년 전부터 호모속에 의해 오랫동안 사용되어 온 올도완 석기는 아마 돌을 한 번 부딪쳐서 완성했을 것이다. 그와 비교하면 네안데르탈인이 만든 르발루아식 석기는 매우 복잡했다. 정해 놓은 형태가 될 때까지 원석을 조금씩 깨뜨려 모양을 내는 것이다. 돌의 정해진 위치를 정확하게 때리는 능력이 필요하고 힘의 조절도 필요했다. 이런 뛰어난 손재주에 있어서는 우리 인간과 네안데르탈인이 별로 다르지 않았을 것이다. 아니 오히려 네안데르탈인이 뛰어났다고 주장하는 연구자도 있을 정도다.

르발루아식 석기의 제작은 약 30만 년부터 4만 년 전까지 계속되었다. 그 사이 시대와 지역에 따라 차이는 있었지만, 기본적으로 석기 제작 기술에 변화는 없었다. 르발루아식 석기 등을 특징으로 하는 네안데르탈인의 문화를 무스테리안이라고 부르는데 이 문화는 네안데르탈인이 약 4만 년 전에 멸종할 때까지 계속되었다. 네안데르탈인의 문화는 보수적이고 오랫동안 거의 변화하지 않았던 듯하다.

무스테리안 이외에도 네안데르탈인이 주도했을 가능성이 제기되었던 문화가 또 있다. 샤텔페로니안이라고 부르는 문화가 그것이다. 샤텔페로니안은 돌칼을 사용한 석기 문화로서 뼈와 치아를 사용한 공예품도 만들었다. 샤텔페로니안의 유적에서 네안데르탈인의 뼈가 출토된 적도 있어서 샤텔페로니안의 주역이 네안데르탈인이었을 것으로 추정되었던 것이다.

샤텔페로니안 유적의 연대는 약 4만 4000년~4만 년 전이다. 사람이 유럽에 이주한 것은 약 4만 7000년 전, 네안데르탈인이 멸종한 것이 약 4만 년 전이기 때문에 약 4만 4000~4만 년 전이라고 하면 네안데르탈인의 유적이 대부분 사라지던 시기에 해당한다. 만약 샤텔페로니안 유적이 모두 네안데르탈인의 것이라면 프랑스 남서부와 스페인 북부를 아우르는 지역에서는 일시적으로 네안데르탈인의 인구가 증가했다는 말이 된다. 하지만 이것은 부자연스러운 일이다. 샤텔페로니안 유적 중에는 분명 사람의 흔적도 있을 것이다.

게다가 샤텔페로니안 유적에서 출토된 네안데르탈인의 뼈는 다른 지층에서 혼입된 것일지도 모른다는 의견도 있다. 그러나 이는 여러 연구를 통한 반론에 부딪혔다. 적어도 샤텔페로니안의 일부 유적에서 혼입이 아닌 네안데르탈인의 뼈가 출토된 듯하다. 따라서 샤텔페로니안 유적이 형성되는 데 사람의 영향이 컸다고 해도 그 주역의 일부는 네안데르탈인이었다는 말이 된다.

샤텔페로니안의 주역 가운데 소수라도 네안데르탈인이 있었다면 그들은 돌칼을 제작했을 가능성이 크다. 이에 대해 사람이 만든 돌칼을 흉내 내서 만든 것이라는 의견도 있다. 이미 사람은 유럽에 이주해 있었기 때문에 네안데르탈인이 사람과 만나거나 사람이 만든 돌칼을 접할 기회가 있었을 것이다. 만약 그랬다면 스스로 궁리해 내지 않아도 흉내 내서 만들 능력이 있었다는 말이 된다.

루시라는 이름의 기원이 된 노래를 만든 비틀스의 존 레넌은 많은 사람의 마음을 움직이는 노래를 만들었다. 한편 기타 실력은 그렇게 뛰어난 편이 아니었다. 존 레넌보다 기타를 잘 치는 사람은 얼마든지 있다. 하지만 아무리 기타를 잘 쳐도 존 레넌처럼 멋진 노래를 만든 사람은 없었다.

사람과 네안데르탈인의 관계도 그런 게 아니었을까? 어쩌면 네안데르탈인은 사람과 비슷한 수준의, 아니 오히려 사람보다 석기를 더 잘 만들었을지도 모른다. 그렇지만 새로운 석기를 만들어 내는 것은 분명 사람이 더 뛰어났을 것이다.

상징화 행동의 증거

우리는 '눈앞에 있는 고기'를 보고 먹고 싶다고 생각할 뿐만 아니라 '식재료'라는 추상적인 개념을 머릿속에서 생각해 낼 수 있다. 우리는 구체적인 것뿐만 아니라 추상적인 것도 생각할 수 있다. 그리고 추상적인 것을 생각할 수 있다는 것은 뛰어난 인지 능력을 가졌다는 증거가 된다. 그렇다면 어떤 화석 인류에게 추상적 사고 능력이 있었는지 어떻게 알 수 있을까?

'평화'에 대해 생각해 보자. 일단 '평화'의 상징을 '비둘기'로 한다. '평화'는 추상적인 개념으로서 색깔이나 형태

가 없다. 당신이 '평화'라는 추상을 생각하고 있는지의 여부
는 외부에서 알 수가 없다. 그러나 당신이 '평화'를 상징하는
'비둘기'를 그리면 당신이 추상적인 생각을 하고 있다는 걸
외부에서 알 수 있다. '평화'라는 추상적인 개념이 '비둘기'라
는 구체적인 형태를 얻었기 때문이다. 이처럼 추상적 개념이
구체적 형태가 되는 것을 상징화라고 부른다.

약 7만 6000년 전 남아프리카 공화국의 블롬보스 동굴
에는 사람이 살고 있었다. 동굴 안에서 흙을 뭉친 덩어리가
발견되었는데, 그 표면에는 그물코 모양이 그려져 있었다.
모양이 있다고 해서 사냥감을 잡을 수 있는 것은 아니다. 모
양은 모양일 뿐 실질적으로는 아무런 도움이 되지 않는다.
그렇지만 도움이 되지 않는 것이 중요하다. 직접적으로 구체
적인 이익과 결부되지 않는 행동은 상징화 행동일 가능성이
크기 때문이다.

또 같은 블롬보스 동굴에서 구멍이 나 있는 조개껍데기
가 다량 발견되었다. 아마 끈으로 묶어서 목걸이처럼 몸에
달았을 것으로 추정된다. 이것은 사람이 상징화 행동을 시
작했다는 확실한 증거가 된다.

더욱 오래된 사람의 상징화 행동 증거도 보고되어 있
다. 예를 들면 이스라엘의 스쿨 동굴에서는 약 10만 년 전의

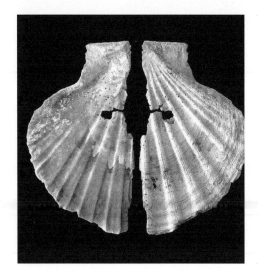

그림 15
네안데르탈인의
유적에서 발견된
조개껍데기.
구멍이 나 있고 안료가
칠해져 있다. Zilhão,
João., et al., Symbolic
use of marine
shells and mineral
pigments by Iberian
Neandertals. *PNAS*,
January 19, 2010 vol.
107 no. 3.

것으로 추정되는 구멍 뚫린 조개껍데기가 두 장 발견되었
다. 그런데 이 구멍은 조개껍데기의 가장 얇은 쪽에 나 있었
다. 이 경우 사람이 조개껍데기에 구멍을 뚫은 것인지 자연
스럽게 구멍이 난 것인지 애매해진다. 또 안료는 약 28만 년
전부터 사용한 듯한데 초기의 안료는 상징화 행동의 증거
로 봐도 좋은지 명확하지 않다. 내구성을 높이기 위한 덧칠
처럼 실용적인 목적으로 사용했을 가능성을 배제할 수 없기
때문이다.

한편 네안데르탈인도 상징화 행동을 했다는 증거가 있
다. 예를 들면 프랑스의 라 페라시 동굴에서는 약 7만 년 전

네안데르탈인이 매장된 곳에서 선이 새겨진 뼈가 발견되었다. 이 시대에는 아직 사람이 유럽에 도달하지 않았기 때문에 네안데르탈인의 상징화 행동에 대한 드물지만 확실한 증거가 된다.

사람이 유럽에 도달한 뒤에는 네안데르탈인의 상징화 행동으로 동굴의 벽에 새긴 선이나 구멍이 뚫린 조개껍데기, 안료가 칠해진 조개껍데기 등이 보고된다. 이들 증거에 대해 호모 사피엔스의 것이라거나 자연적으로 구멍이 났을 것이라는 회의적인 의견도 있다. 그러나 이런 보고가 옳고 모두 네안데르탈인이 한 것이라고 해도 사람과 비교하면 상징화 행동은 그 수가 매우 적다.

식인과 매장

인류가 인류를 먹는 행위를 생각하면 마음이 혼란스러워진다. 그러나 동물에게서 동종의 개체를 먹는 행위가 드문 일은 아니다. 앞서 호모 안테세소르의 식인 문화를 살펴보았는데 음식물 사정이 나빴던 과거 인류는 식인을 저지르기도 했다. 그리고 거기에는 네안데르탈인과 호모 사피엔스도 포함된다.

스페인의 엘시드론 동굴에서 약 5만 년 전의 것으로 보이는 네안데르탈인들의 인골이 발견되었다. 성인과 유아를 포함해 모두 열두 구였다. 뼈는 맞아서 부러진 흔적이 있었고 석기로 살을 긁어낸 자국도 남아 있었다. 그들은 식인의 희생자로 추정되는데, 뼈가 부러진 것은 뇌와 골수를 파내는 과정에서 발생한 것이라 생각된다.

미토콘드리아 DNA를 분석한 결과, 희생자 집단은 (열두 명은 좀 많긴 하지만) 가족이었을 것으로 생각된다. 또한 그중 한 여성의 미토콘드리아 DNA는 다른 개체들과 상이한 계통에 속해 있는 것으로 보아 타 집단에서 시집왔을 가능성이 크다. 평온하게 살고 있던 가족이 어느 날 배를 채우려는 약탈자들의 공격을 받고 살해되어 잡아먹힌 것일까? 희생당한 열두 명 모두의 치아에서 사기질 형성 부전증이라는 장애가 나타난 것으로 보아 그들은 기아 상태에 있었을 가능성이 크다. 아마 약탈자도 허기에 시달리고 있었을 것이다.

네안데르탈인이 식인을 했다는 증거는 프랑스와 크로아티아의 유적에서도 보고되는 것으로, 식인 풍습이 당시로서는 그다지 드문 일이 아니었을지도 모른다. 기아에 시달리는 일이 많았던 옛 인류는 (호모 사피엔스를 포함해서) 근처 집단을 공격해 먹이로 삼기도 했을 것이다. 인류는 기본적으로 평화로운 생물이지만 무슨 일이 있어도 미소를 잃지 않는 부처님은 아니었던 듯하다.

한편, 네안데르탈인의 따뜻한 마음을 엿볼 수 있는 증거도 있다. 네안데르탈인의 경우 전혀 부서지지 않고 보존 상태가 좋은 뼈가 종종 발견된다. 그 이유는 네안데르탈인이 죽은 자를 매장했기 때문이다. 인골과 함께 꽃가루가 발견되는 일도 있어서 그들이 죽은 자에게 꽃을 바쳤다는 주장도 있다. 하지만 이 꽃가루는 우연히 주변에 핀 꽃에서 떨어진 것일 수도 있다. 인골과 함께 늘 꽃가루가 발견되었다면 모를까, 그렇지 않기 때문에 죽은 자에게 꽃을 바쳤을 가능성은 크지 않아 보인다. 아마도 특별한 의식 없이 일반적으로 매장했을 가능성이 크다. 사후 세계를 상상하거나 그 상징으로 꽃을 장식하는 일은 없었다 해도, 네안데르탈인은 타인에 대한 공감 같은 감정을 가지고 있었을 거라 생각된다.

또한 큰 상처를 입었다가 치유된 흔적이 있는 뼈도 몇 개 발견되었다. 부상을 당해 홀로 생활할 수 없는 동료를 도와주었을 것이다. 다만 다리뼈가 부러진 경우에는 치료된 흔적이 없었는데, 걸어서 집으로 돌아갈 수 없게 된 경우에는 부상자를 그대로 두고 떠난 듯이 보인다.

네안데르탈인은 말을 할 수 있었을까

네안데르탈인에 대해 가장 궁금한 점은 그들이 서로 말을 주고받았을까 하는 것이다. FOXP2 유전자는 인간의 언어 능력과 관련되어 있다고 알려져 있다. FOXP2 유전자에 장애가 생기면 대뇌피질의 전두엽에 있는 브로카 영역의 활동이 저하되고 회화나 문법을 이해하는 데 장애가 생긴다. 연구자들은 네안데르탈인의 화석에서 DNA를 추출해 FOXP2 유전자를 조사했다. 그 결과 네안데르탈인은 사람과 같은 유형의 FOXP2 유전자를 갖고 있었음이 밝혀졌다. 침팬지와 사람 사이에서는 상이한 변이가 네안데르탈인과 사람 사이에서는 동일한 것으로 확인되었다.

인류의 목에는 목뿔뼈라는 U자형 뼈가 있는데 이 뼈의 형태 또한 사람과 네안데르탈인이 서로 다르지 않다. 따라서 네안데르탈인이 꽤 자유롭게 목소리를 냈을 가능성도 있다. 이런 이유로 네안데르탈인은 거의 완전한 언어를 주고받았을 것으로 생각되기도 했다. 과연 그랬을까?

약 160만 년 전 호모 에렉투스 소년이었던 투르카나 보이의 두개골은 보존 상태가 매우 좋아서 그 내부 형태로부터 대뇌피질의 형태를 알 수 있다. 투르카나 보이의 대뇌피질 형태를 조사한 결과 전두엽에 또렷하게 브로카 영역의 외형이 확인되었다. 이것은 브로카 영역이 어느 정도 발달했음을 보여 준다. 사람의 경우, 브로카 영역에 상처를 입은 환자는 말을 듣거나 이해할 수는 있지만 언어를 내뱉는 것을 힘들어한다. 브로카 영역이 언어 능력과 관련 있다는 것은 확실하다. 투르카나 보이에게서 발달된 브로카 영역이 확인되면서 호모 에렉투스도 언어를 통한 의사소통을 할 수 있지 않았을까 생각하게 되었다.

그러나 호모 에렉투스 신체의 다른 곳의 구조는 그들이 말을 할 수 없었음을 보여 준다. 척추에는 구멍이 뚫려 있어 척수라는 신경이 지난다. 이 구멍의 크기는 대부분의 영장류가 거의 비슷한데 사람과 네안데르탈인은 가슴 부분에서 커진다. 즉, 가슴 부분에서 신경이 증가한다는 말이다. 이것은 목소리를 낼 때 흉부의 근육과 호흡을 조절하기 위해서라고 알려져 있다. 반면 호모 에렉투스의 척추 구멍 크기는 영장류의 평균이었다. 이를 통해 우리는 호모 에렉투스가 언어를 통한 의사소통을 할 수 없었을 것이라 추측한다.

브로카 영역은 언어와 관계없는 기능(기억 등)에도 관여하는데, 먼저 언어와 관계가 없는 이유로 발달해서 나중에 언어와 관련되는 역할도 하는 것으로 보인다.

참고로 호모 에렉투스 이후에 출현한 호모 하이델베르겐시스는 브로카 영역의 존재 여부를 알 수 없으나 목뿔뼈 형태는 사람과 비슷한 것으로 확인되었다.

호모 에렉투스에게서는 뇌의 형태를 통해 브로카 영역을 확인할 수 있었다. 호모 하이델베르겐시스는 목뿔뼈가 있어서 소리를 낼 수 있게 되었다. 네안데르탈인에서는 넓은 척추뼈 구멍과 언어와 관련된 FOXP2 유전자도 확인했다. 이를 통해 언어는 갑자기 나타난 것이 아니라 단계적으로 조금씩 발전해 왔을 것이라 추측할 수 있다.

따라서 네안데르탈인이 전혀 말을 하지 못했다고 생각하기는 어렵다. 석기나 나뭇가지를 조합해서 창을 만들거나 동료와 협력하며 사냥하기 위해서는 어느 정도 언어를 사용하는 게 필요하다. 이는 호모 하이델베르겐시스에게도 적용되는데 목뿔뼈의 형태를 보면 상당히 자유롭게 소리를 낼 수 있었을 것으로 생각된다.

그러나 어느 정도 문법을 사용한 언어를 사용했는지는 알 수 없다. 아마 눈앞에 일어나고 있는 현재에 대해 말할 수는 있었을 것이다. 그렇다면 과거의 일에 대해서는 말할 수 있었을까? 가정법을 사용해서 현실에서 일어나지 않은 일까지 말할 수 있었을까? 언어는 상징화 행동의 가장 정점에 있는 것이다. 사람과 네안데르탈인 사이에서 상징화 행동에 큰 차이가 있었다고 하면 언어도 마찬가지로 큰 차이가 있었을 것이라 생각하는 편이 자연스럽다. 추상적인 것, 예를 들면 '평화'를 언어를 사용하지 않고 떠올린다는 것은 매우 어려운 일이다. 네안데르탈인의 사전에는 '나' 혹은 '고기'는 있어도 '평화'는 없었을 것이다.

13장 ∥∥∥∥∥ 네안데르탈인과 결별하다

두 종류의 인류가 공존했던 기간

호모 하이델베르겐시스의 일부 집단이 약 40만 년 전에 아프리카를 떠났다. 아프리카 바깥으로 나온 집단의 일부는 유럽으로 이주했다. 그리고 유럽으로 이주한 집단에서 네안데르탈인이 진화했고 아프리카에 계속 살았던 집단에서 호모 사피엔스가 진화했다. 약 30만~25만 년 전에 일어난 일이다. 이 두 종의 인류는 당분간 만나는 일 없이 유럽과 아프리카라는 각각 다른 장소에서 살았다. 그러나 이후 호모 사피엔스의 일부 집단이 아프리카를 떠났고 그중 유럽으로 향한 집단도 있었다. 그리고 수십만 년의 시간이 지나고 두 종의 인류는 다시 만났다. 약 4만 7000년 전의 일이다.

네안데르탈인은 오랜 세월 유럽에서 살았으나 그 추위에 힘들어했던 듯하다. 따뜻한 시대에는 유럽의 북쪽에서도 살았지만 추운 시대가 찾아오면 남쪽의 지중해와 가까운 지역 외에는 살 수 없었다. 남쪽으로 이주한 계통도 있었으나 북부에 계속 살았던 네안데르탈인은 멸종했을지도 모른다. 유적의 숫자로 추정해 보면 따뜻한 시대에는 네안데르탈인의 인구가 증가하고 추운 시대가 찾아오면 감소했기 때문이다.

호모 사피엔스가 유럽으로 향하기 직전인 약 4만 8000년 전에 유럽에서는 한랭화가 진행되어 네안데르탈인의 인구가 줄고 있었다. 그리고 약 4만 7000년 전에 급격하게 온난화가 발생하자 호모 사피엔스가 발칸 반도로 북상하면서 유럽으로 향했다. 최초로 유럽으로 향한 호모 사피엔스는 그렇게 많지 않았던 듯하다. 이 시기에 네안데르탈인의 문화인 무스테리안 유적은 줄고 있었으나 회복 불가능할 정도로 줄어들지는 않았다. 특히 서유럽에 살고 있었던 네안데르탈인에게는 거의 영향이 없었던 듯하다.

약 4만 5000년 전, 다시 호모 사피엔스가 유럽으로 향

3부 호모 사피엔스는 현재 진행 중

하는데 이때도 규모가 그리 크지 않았던 듯하다. 그러나 4만 3000년 전에 많은 호모 사피엔스가 유럽으로 향하자 상황이 급변했다. 호모 사피엔스는 급속도로 생활 영역을 확대했고 네안데르탈인이 주로 살았던 지중해 연안 지역을 대부분 점거했다. 한편 네안데르탈인은 계속 줄어들었고 집단은 분산되고 고립되었으며 약 4만 년 전에는 멸종하고 말았다.

과거에는 네안데르탈인과 호모 사피엔스가 1만 년 이상 함께 공존했을 것이라 생각했다. 그러나 유적이나 화석의 연대가 수정되면서 둘의 공존 기간은 약 7000년 정도로 짧아졌다. 약 4만 3000년 전에 대규모로 유럽으로 향한 호모 사피엔스만 보면 네안데르탈인과의 공존 기간은 불과 3000년으로 줄어든다. 네안데르탈인과 호모 사피엔스는 잠시 공존했다고 생각하기보다는 빠르게 교체됐다고 말하는 편이 좋을 듯하다.

호모 사피엔스의 머리가 좋았다?

네안데르탈인이 멸종한 이유에 대해서는 여러 주장이 제기되었다. 예를 들면 네안데르탈인은 호모 사피엔스에 의해 대부분 살해되었다는 주장도 있다.

호모 사피엔스의 턱뼈와 석기에 의해 상처가 있는 어린 네안데르탈인의 턱뼈가 프랑스의 유적에서 발견되었다. 아마 네안데르탈인 아이는 살해되어 잡아먹혔을 것이다. 또 이라크의 샤니다르 유적에서 발견된 네안데르탈인의 갈비뼈에는 치명적인 상처가 있었고 그것이 사망의 원인이었던 것으로 보인다. 분석 결과 호모 사피엔스가 사용했던 던지는 창에 의한 상처로 결론이 났다.

때로는 네안데르탈인과 호모 사피엔스가 다투기도 했을 것이다. 그러나 그 이외에 인류끼리의 다툼의 근거를 보여 주는 증거가 거의 발견되지 않았기 때문에 다툼이 자주 일어나진 않았을 것이다. 적어도 집단끼리의 대규모 다툼은 없었던 듯하다. 양자가 만났다고 해도 싸우지 않았을 수도 있고 그 이전에 네안데르탈인이 호모 사피엔스가 있는 장소를 피했을지도 모른다. 비슷한 먹이를 노리는 호모 사피엔스가 가까이에 있으면 네안데르탈인이 잡을 수 있는 먹이가 줄어들고 만다. 만약 호모 사피엔스 쪽이 사냥에 뛰어났다면 네안데르탈인은 더욱 불리한 상황에 놓였을 것이다.

다른 주장으로 호모 사피엔스가 자식을 많이 낳았다는 것도 있다. 이미 살펴본 것처럼 다른 조건이 똑같다면 아주 조금이라도 출산율이 높은 종이 살아남고 낮은 종이 멸종하고 말기 때문이다.

가장 인기 있는 주장은 호모 사피엔스가 네안데르탈인보다 머리가 좋아서 혹독한 환경에서도 살아남을 수 있었다는 것이다. 예를 들어, 머리가 좋으면 사냥의 기술 등에서도 호모 사피엔스가 뛰어났을 것이다.

네안데르탈인도 수렵 기술이 뛰어났다. 사냥에 창을 사용했다. 앞에서 살펴본 것처럼 처음으로 석기를 나무 자루와 묶어서 창을 만든 것은 호모 하이델베르겐시스였을지 모르지만, 일상적으로 창을 사용하게 된 것은 네안데르탈인이 처음이었다.

야생 당나귀와 같은 큰 동물을 사냥할 때 창은 큰 도움이 된다. 그러나 창을 사용하려면 사냥감에 가까이 다가가야 한다. 찌르는 창으로 사용할 때는 물론이고 던지는 창으로 사용할 때에도 10미터 이내로 접근하지 않으면 상처를 입히기 힘들다. 실제로 네안데르탈인의 화석에는 큰 상처를 입은 것이 꽤 많다. 네안데르탈인의 사냥은 위험한 것이었다.

한편 호모 사피엔스는 창을 멀리까지 날릴 수 있는 투창기를 사용하기 시작했다. 투창기 자체는 아무리 멀리 거슬러 올라가도 약 2만 3000년 전의 것 외에 출토되지 않는데 그것은 투창기가 뼈 등으로 만들어진 이유로 석기보다 남아 있기 어려웠을 것이기 때문이다. 그래서 창의 끝에 달린 석기에서 투창기를 사용했는지 아닌지를 추정하는 연구를 했다. 멀리까지 던지기 위해서 창끝을 작게 만드는 등 석기에도 그 흔적이 남아 있기 때문이다. 그 결과 약 8만~7만 년 전 아프리카에서 투창기가 사용되기 시작했고 유럽으로 향한 호모 사피엔스는 처음부터 투창기를 사용했을 가능성이 크다는 것이 밝혀졌다.

투창기를 사용하면 찌르는 창이나 던지는 창으로는 사냥할 수 없는 새와 같은 동물도 사냥할 수 있다. 따라서 호모 사피엔스는 음식을 손에 넣는 것에서도 네안데르탈인보다 훨씬 유리했을 것이다.

다만 네안데르탈인도 투창기를 사용했을 가능성에 대해서도 생각해 봐야 한다. 샤텔페로니안의 창은 투창기로 던진 것으로 생각되는데 그것을 던진 것이 네안데르탈인일 수도 있기 때문이다. 그렇지만 앞에서 살펴본 것처럼 샤텔페로니안 문화의 주역은 호모 사피엔스일 가능성이 크다. 따라서 투창기를 사용한 것은 호모 사피엔스이고 네안데르탈인이 아닐 것이다. 네안데르탈인의 일부가 투창기를 사용했을 수도 있으나 대부분이 투창기를 사용하지 않았다는 것은 확실하다. 양자의 수렵 기술에 큰 차이가 있었던 것도

3부 호모 사피엔스는 현재 진행 중

확실하다. 이것은 음식물을 손에 넣는 효율과 직결되기 때문에 네안데르탈인이 상당히 불리했을 것이다.

창조성만으로는 문화를 발전시킬 수 없다

이러한 기술적인 차이는 석기에서도 발견된다. 이것은 호모 사피엔스의 높은 창조성을 보여 준다고 생각한다. 그러나 뛰어난 창조성만으로는 문화를 확산시킬 수 없다.

학습은 인류 이외의 동물에서도 가능하다. 쥐나 비둘기도 시행착오를 통해서 학습한다. 침팬지나 칼레도니아까마귀는 시행착오 없이도 몇 개의 막대기를 이용해서 음식물을 손에 넣을 수 있다. 게다가 침팬지와 칼레도니아까마귀는 나뭇가지를 가공해서 도구를 만들 줄도 안다. 즉, 침팬지와 칼레도니아까마귀는 통찰을 통해 학습하는 것이다. 그리고 네안데르탈인은 틀림없이 침팬지나 칼레도니아까마귀보다 훨씬 뛰어난 인지 능력을 가지고 있었다. 약 4만 년 전 호모 사피엔스가 만든 석기나 투창기 정도라면 네안데르탈인 중에서도 만들 수 있는 개체가 있었을지 모른다. 상상에 머물 수밖에 없지만, 당시 호모 사피엔스가 사용한 도구가 네안데르탈인이 따라 만들기엔 엄두도 내지 못할 만큼 복잡한 것은 아니었다.

그러나 문화가 전해지기 위해서는 그것을 받아들이는 능력도 필요하다. 누군가 멋진 발명을 했다고 해도 다른 사람이 그걸 이해하지 못하면 발명은 퍼지지 않는다. 다른 사람이 '좋다'고 생각하지 않으면 발명은 전해지지 않는 것이다. 네안데르탈인은 그런 부분에서 사회적 기초가 약했던 게 아닐까?

이것은 상징화 행동에도 그대로 적용된다. 조개껍데기에 구멍을 뚫어 목걸이를 만든 것은 아마 다른 사람에게 보여 주기 위해서였을 것이다. 이성을 유혹하기 위해서였을지도 모른다. 만약 조개껍데기 목걸이를 보여 줘도 상대가 아무런 반응을 보이지 않는다면 목걸이를 한 의미가 없다. 손재주가 매우 뛰어났음에도 불구하고 네안데르탈인에게서 상징화 행동의 증거를 거의 찾지 못한 것은 역시 사회적 기초가 약했기 때문일 것이다. 그리고 이것은 네안데르탈인이 간단한 언어밖에 사용하지 못했음을 나타내는 증거일 수 있다.

　　　　　3부 호모 사피엔스는 현재 진행 중

연비가 나쁜 네안데르탈인

과거 미국에서는 대형차가 잘 팔렸다. 그러나 최근에는 소형차 인기가 높다고 들었다. 연비가 좋기 때문이다.

대형차는 안전하고 피로도가 덜하며 속도를 더 낼 수 있다. 하지만 연비가 낮아서 기름을 많이 소비한다. 만약 기름이 조금밖에 없다면 소형차가 더 먼 거리를 달릴 수 있어 편리할 것이다. 네안데르탈인의 멸종 원인은 어쩌면 이 나쁜 연비와 관련이 있을지도 모르겠다.

네안데르탈인은 우리보다 골격이 크고 단단한 체격을 갖고 있었다. 그 큰 몸을 유지하기 위해서는 많은 에너지가 필요했을 것이다. 연구 결과에 따르면 네안데르탈인의 기초 대사량은 호모 사피엔스의 1.2배다. 기초 대사량은 생물체가 생명을 유지하는 데 필요한 최소한의 에너지 양을 가리키는 것으로 대개 잠을 잘 때의 에너지를 생각하면 이해하기 쉽다. 즉, 네안데르탈인은 아무것도 하지 않고 뒹굴거리기만 해도 호모 사피엔스의 1.2배에 달하는 음식이 필요했다. 만약 둘의 사냥 효율이 비슷했다면 네안데르탈인은 호모 사피엔스보다 1.2배 오래 사냥을 해야 했다.

회사에서 영업 업무를 한다고 가정해 보자. 만약 당신이 다른 사람과 같은 성적을 내기 위해 매일 한두 시간씩 더 많이 돌아다녀야 한다면 상당한 부담이 될 수밖에 없다.

게다가 1.2배라는 것은 기초 대사량의 경우다. 몸을 거의 움직이지 않아도 이 정도의 차이가 난다는 말이다. 걷거나 뛰게 되면 차이는 더 커진다. 네안데르탈인은 체중이 무거워서 돌아다니는 데 많은 에너지가 필요하다. 어떤 보고에 따르면 네안데르탈인이 움직이는 데 사용하는 에너지는 호모 사피엔스의 1.5배다. 이것을 회사의 일에 비유하면 같은 성과를 내기 위해 동료보다 매일 네 시간 정도 더 일해야 한다는 말이다. 이래서는 견디기 힘들다. 당신이 영업 실적에서 동료에게 뒤지는 것은 기정사실과 다름없다.

실제로 네안데르탈인이 무거운 몸을 움직이면서 호모 사피엔스보다 몇 시간 더 오래 사냥을 했을 것으로 생각하진 않는다. 만약 같은 시간 동안 사냥을 했다고 하면 네안데르탈인이 이동하는 범위는 호모 사피엔스보다 좁았을 것이다. 범위가 좁아지면 잡을 수 있는 사냥감도 줄어든다. 한편 호모 사피엔스는 가늘고 가냘픈 몸을 하고 있어서 가볍게 넓은 범위를 돌아다닐 수 있었다. 그리고 많은 사냥감을 잡았다.

예전이라면 그것은 큰 문제가 아니었다. 사냥 기술이 미

3부 호모 사피엔스는 현재 진행 중

숙했을 때에는 힘이 센 네안데르탈인이 사냥감을 더 많이 잡았을 수도 있다. 좁은 행동 범위를 강한 힘으로 보완해서 호모 사피엔스와 호각을 이뤘을지도 모른다.

그러나 창 등의 무기가 발달하고 힘의 강약이 사냥의 성적에 큰 영향을 미치지 못하게 되자 상황은 바뀌었다. 힘은 약해도 오래 걸을 수 있는 호모 사피엔스 쪽이 유리해졌다. 거기에 사냥 기술 자체도 호모 사피엔스 쪽이 뛰어나게 되면서 양자의 격차는 점점 벌어졌다. 힘은 강해도 오래 걷지 못하고 사냥 기술이 열등한 네안데르탈인은 늘 허기에 시달려야 했을지도 모른다.

8승 7패면 된다

네안데르탈인은 추운 유럽에서 몇십만 년 동안 살았기 때문에 추운 땅에 적응했다는 말을 자주 듣는다. 그러나 인류의 체형이 조금 두툼해지거나 팔과 다리가 짧아진다고 해서 추운 땅에서 살기에 충분하지 않다는 것은 앞에서 살펴보았다. 네안데르탈인이 추운 유럽에서 살 수 있었던 것은 옷이나 불과 같은 문화 때문이었다. 동물의 가죽을 가공한 증거를 통해 모피를 입었을 것으로 생각된다. 그렇지만 유럽이 한랭한 시대에는 남쪽 외에는 살 수 없었던 듯하다.

이와 비교하면 호모 사피엔스의 생활은 불가사의하다. 호모 사피엔스가 유럽으로 향한 것은 약 4만 7000년 전이다. 아프리카에서 나왔기 때문에 추운 땅에 적응하기 힘들었을 것이다. 그런데 네안데르탈인보다 추위에 강했다. 호모 사피엔스는 뼈로 침을 만들 줄 알았다. 그래서 그것으로 모피를 가공해서 추위를 막을 수 있는 옷을 만들어 입었는지도 모르겠다. 비록 몸은 가늘어도 네안데르탈인보다 훌륭한 모피 옷을 입고 있다면 네안데르탈인보다 더 쉽게 추운 곳에서도 살 수 있었을 것이다.

여기에 더해서 호모 사피엔스는 무엇이든 먹었다. 남겨진 뼈의 산소와 질소의 동위체 비율을 측정해 보면 그 뼈의 주인이 살았을 때 무엇을 먹었는지를 추정할 수 있다. 코알라처럼 유칼립투스 등 특정 식물을 먹는다면 유칼리툽스 등이 사는 곳에서만 살 수 있다. 한편 호모 사피엔스처럼 무엇이든 먹을 수 있으면 여러 환경에서 살아갈 수 있다. 한랭하고 음식이 적은 환경에서도 호모 사피엔스는 살 수 있었다.

호모 사피엔스는 네안데르탈인처럼 기후에 따라 생식지를 거의 바꾸지 않고 꾸준하게 유럽으로 향했다. 특히 약 4만 3000년 전부터 약 4만 년 전까지의 3000년 동안 호

3부 호모 사피엔스는 현재 진행 중

모 사피엔스의 유적이 급속도로 증가한 한편으로 네안데르탈인의 유적이 급속도로 사라져 갔다. 이 두 유적의 증가와 소멸의 시점이 톱니바퀴처럼 맞아떨어지기 때문에 네안데르탈인의 멸종에 호모 사피엔스가 관계했을 가능성이 크다고 말한다. 아마 네안데르탈인은 한랭한 환경과 호모 사피엔스의 출현이라는 두 가지 주요한 사건이 원인이 되어 멸종했을 것이다.

약 4만 8000년 전의 한랭화로 네안데르탈인의 인구가 줄어들었다. 예전이라면 네안데르탈인은 약 1000년 후에 찾아올 온난화 때 인구를 회복했을 것이다. 그러나 약 4만 7000년 전에 호모 사피엔스가 유럽에 출현했다.

이제까지 네안데르탈인이 살고 있던 땅으로 뻔뻔스러운 호모 사피엔스가 몰려왔다. 그리고 사냥감을 보이는 대로 포획했다. 직접 싸움을 한 적은 별로 없지만, 네안데르탈인이 그때까지 살아왔던 것처럼 사냥하기에는 사냥감이 부족했다. 게다가 호모 사피엔스 쪽이 행동 범위가 넓었고 사냥 실력도 뛰어났다. 네안데르탈인은 어쩔 수 없이 호모 사피엔스가 없는 땅으로 이주를 해야 했다.

이런 과정에서 많은 땅이 호모 사피엔스에게 넘어갔다. 네안데르탈인이 이웃한 집단이 있는 곳으로 가려고 해도 그

중간에는 호모 사피엔스가 살고 있었다. 예전처럼 이웃한 집단과 교류도 어려워졌다. 네안데르탈인의 집단은 점점 분산되고 고립되었다.

고립되면 기술은 진보할 수 없다. 쇄국했던 일본의 에도 시대처럼 세계 어디선가 만들어진 발명을 배울 수 없게 된다. 정보의 네트워크에서 제외되었기 때문이다.

이렇게 인구가 줄어들고 고립된 집단이 곳곳에 남겨진 상태가 된 네안데르탈인은 지금의 말로 하면 멸종 위기종이 되었다. 그러나 당시 호모 사피엔스는 네안데르탈인을 보호하지 않았다. 희귀한 네안데르탈인의 생활 영역으로 침입해서 사냥감을 포획했다. 가늘고 약해 보이는 호모 사피엔스는 투창기를 사용해서 멀리에서 창을 던지는, 그래서 네안데르탈인이 보기에는 교활한 방법을 사용했다. 만약 맨손으로 싸움을 하면 네안데르탈인이 이겼을 것이다. 그렇지만 싸움이 일어나기 전에 몸이 가벼운 호모 사피엔스는 멀찍이 달아나고 만다. 네안데르탈인은 아무런 대응도 하지 못하고 쫓겨날 수밖에 없었다. 이렇게 네안데르탈인의 생활 영역은 계속 줄었다. 이런 일이 되풀이되면서 지구에서 네안데르탈인은 사라지고 말았다.

아마 네안데르탈인은 추위와 호모 사피엔스 때문에 멸

종했을 것이다. 호모 사피엔스의 재빠르게 움직이는 것이 장점이 가는 몸과 추위에 대한 적응, 뛰어난 사냥 기술이 네안데르탈인에게 없었다.

그러나 잊지 말아야 할 것은 언제나 우리가 네안데르탈인을 압도한 것은 아니었다는 점이다. 스모 대회는 한 장소에서 15일 동안 개최된다. 하지만 순위를 올리기 위해서 15전 전승을 할 필요는 없다. 8승 7패만 하면 된다. 8승 7패만 계속해도 순위는 점점 올라간다. 유럽은 아니지만, 중동의 레판토가 한랭화했을 때 모습을 감춘 것은 네안데르탈인이 아니라 호모 사피엔스였다. 호모 사피엔스 쪽이 생활 영역을 좁힌 적도 있다는 말이다.

뇌는 클수록 좋을까

네안데르탈인의 뇌는 컸다. 이렇게 뇌가 크면 꽤 많은 에너지를 썼을 것이고 상당한 음식을 먹어야 했을 것이다. 큰 뇌는 부담이 된다. 그렇지만 뇌가 이렇게 컸던 것은 이 커다란 뇌로 큰 이익을 얻었기 때문이다. 그것은 과연 무엇일까?

네안데르탈인이 얻게 된 기술은 도구를 조립하는 능력이다. 예를 들면 나무로 만든 자루에 접착제로 석기를 고정해서 창을 만드는 것이다. 그리고 석기의 진보도 있었다. 물론 이것만으로 뇌가 이렇게 커졌다고 생각하지 않는다. 이런 기술적인 진보만으로는 이 거대한 뇌를 설명할 수 없다. 상대적으로 뇌가 작은 호모 하이델베르겐시스와 같은 인류도 네안데르탈인과 비슷한 것을 했다.

어쩌면 네안데르탈인의 거대한 뇌가 이룩한 위대한 업적이 증거로 남아 있지 않을 가능성도 있다. 예를 들면 기억력이 매우 뛰어난 것 같은 것이다. 언어로 말을 할 수 있으면 사물을 정리해서 기억할 수 있어서 뇌 용량이 작아도 된다. 그러나 언어가 없거나 미발달한 경우에 많은 것을 기억하는 것이 중요하다. 그를 위해 네안데르탈인은 뇌 용량을 크게 만들었을지도 모른다. 물론 이 이야기는 상상에 불과하다. 그러나 네안데르탈인의 능력이 우리의 기준으로 측정할 수 없는 것일 가능성이 있다는 것은 기억해 두자. 장기밖에 두지 못하는 사람은 장기를 잘 두는 것으로 사람을 판단할 수도 있다. 그렇지만 장기는 잘 두지 못해도 바둑을 잘 두는 사람도 있다.

그렇지만 과거 인류의 뇌는 컸다. 아니 너무 컸던 것일지도 모른다. 네안데르탈인의 뇌는 약 1550cc였고 1만 년 정도 전의 호모 사피엔스의 뇌는 약 1450cc였다. 참고로 현

3부 호모 사피엔스는 현재 진행 중

재 호모 사피엔스는 약 1350cc이다. 시대가 지나면서 음식 사정이 개선되었기 때문에 우리 호모 사피엔스의 뇌가 작아진 이유는 뇌에 제공되는 에너지가 줄어들었기 때문이 아니다. 아마 이렇게 큰 뇌는 필요하지 않게 된 것이 그 이유일 것이다.

문자가 발명된 덕분에 뇌 바깥에 정보를 둘 수 있게 되면서 뇌 속에 기억해야 하는 양이 줄어들었기 때문일까? 수학과 같은 논리가 발전해서 적은 노력으로 답을 찾게 되면서 뇌 속의 사고가 절약되었기 때문일까? 아니면 옛 인류가 했던 사고의 다른 형태를 우리가 잃었고 그만큼 뇌가 작아진 것일까?

상상에 그칠 수밖에 없으나, 지금 우리가 생각하지 못하는 것을 옛 인류는 생각했을지도 모른다. 그것이 일상이나 자손을 늘리는 것과 관계가 없었기 때문에 진화 과정에서 잃은 것인지도 모른다. 그것이 무엇인지는 알 수 없다. 네안데르탈인은 무엇을 생각하고 있었을까? 그 눈동자에 빛나는 지성은 아마 우리의 그것과는 다른 형태의 지성이었을 것이다. 어쩌면 이야기를 통해 이해할 수 있는 것이었을지도 모른다. 하지만 안타깝게도 우리가 네안데르탈인과 이야기할 수 있는 기회는 이제 영원히 사라지고 말았다.

14장 ⫾⫾⫾⫾⫾⫾

끝까지 분투했던 변두리 인류

플로레스섬의 작은 인류

네안데르탈인 외에도 최근까지 살았던 몇 종의 인류가 알려져 있다. 그 가운데 하나가 호모 플로레시엔시스다.

호모 플로레시엔시스는 약 5만 년 전까지 인도네시아 플로레스섬에 살았다. (과거에는 약 1만 년 전에 멸종했다고 알려졌지만, 그 연대가 수정되었다.) 키가 110센티미터밖에 되지 않고 뇌의 크기도 약 400cc로 침팬지와 비슷했다. 몸집이 너무 작아서 처음에는 질병에 걸린 호모 사피엔스가 아닐까 생각하기도 했다. 작은 뇌는 소두증 때문이고 작은 몸은 갑상선 기능 장애 등의 결과가 아닐까 했던 것이다. 하지만 그와 같은 장애를 가진 현대의 환자들은 호모 플로레시엔시스와 같은 모습을 가지고 있지 않다. 게다가 호모 플로레시엔시스에게는 호모 사피엔스보다 오래된 형태의 특징(안와상 융기 등)이 있는 한편 호모 사피엔스의 특징(아래턱 등)이 없어서 병에 걸린 현대인이라는 주장은 부정되었다.

약 100만 년 전의 석기가 플로레스섬에서 출토되었기 때문에 인류가 그 무렵부터 살았던 것으로 추정된다. 아마 호모 플로레시엔시스는 그 자손일 것이다. 호모 플로레시엔시스는 뇌가 침팬지처럼 작음에도 불구하고 고도로 지적인 활동을 했다. 석기를 만들고 코끼리 고기를 불에 익혀 먹은 듯하다.

그렇다면 호모 플로레시엔시스는 어떤 진화의 길을 걸어서 이렇게 작아진 것일까? 두 가지 가설이 있는데, 하나는 '원래부터 작았다'는 것이고 다른 하나는 '큰 인류가 작아졌다'는 것이다. 먼저 '원래부터 작았다'는 주장을 살펴보자.

호모 플로레시엔시스는 분명히 작다. 그렇지만 그것은 자바 원인(호모 에렉투스의 지역 집단, 약 160만~10만 년 전)과 같은 새로운 인류와 비교할 때 그런 느낌을 준다. 예를 들면 오스트랄로피테쿠스 아파렌시스(약 390만~290만 년 전)처럼

3부 호모 사피엔스는 현재 진행 중

오래된 인류와 비교하면 호모 플로레시엔시스는 특별히 작지 않다. 둘의 키와 뇌의 크기는 비슷하다.

자바 원인은 진화의 결과로 뇌(약 850~1200cc)와 몸(약 165센티미터)이 커졌다. 그러나 호모 플로레시엔시스는 진화의 결과 뇌와 몸이 커지지 않았다는 말이다.

이 주장의 난점은 인류가 아프리카를 나온 시기를 일반적인 주장보다 높게 상정해야 한다는 점이다. 현재까지 알려진 아프리카 바깥에서 인류가 살았던 가장 오래된 증거는 조지아의 드마니시 유적이다. 약 180만 년 전의 것으로써, 이때 아프리카에서 나온 인류는 호모 에렉투스나 그와 가까운 종이다. 그러나 호모 에렉투스는 이미 뇌의 크기와 몸집이 상당히 커진 상태였다. 그들이 인도네시아까지 이동했다고 해도 그대로 호모 플로레시엔시스가 될 수 없다. 이 주장이 성립되기 위해서는 뇌와 몸이 작았던 보다 오래된 인류가 아프리카에서 나와야 한다.

더 오래된 인류로 상정할 수 있는 것은 오스트랄로피테쿠스와 호모 하빌리스다. 그러나 오스트랄로피테쿠스는 시대적으로 너무 오래 거슬러 올라가야 해서 호모 하빌리스 정도가 좋다. 호모 하빌리스(뇌는 약 600cc, 키는 약 120센티미터)라면 호모 플로레시엔시스보다 조금 크다 해도 차이가 많이 나지 않는다. (호모 하빌리스 뇌의 최소 용량은 509cc이다.) 호모 에렉투스보다 이른 시기에 호모 하빌리스가 아프리카를 떠나 먼 여행을 한 끝에 인도네시아에 도착했다. 그것이 호모 플로레시엔시스라는 것이 이 주장이다. 그러나 호모 에렉투스 이전에 호모 하빌리스나 그와 가까운 종이 아프리카를 떠났다는 증거는 아직 발견되지 않았다. 그렇지만 이런 주장이 나올 수밖에 없었던 이유는 덩치가 컸던 자바 원인이 뇌와 몸이 작아졌다는 것을 아무리 해도 이해하기 힘들기 때문이다.

그러나 실제로는 이해하기 힘든 일이 일어나기도 한다. 또 하나 '커다란 인류가 작아졌다'는 주장에서 큰 인류로 상정된 것은 자바 원인(호모 에렉투스)이다. 자바 원인과 호모 플로레시엔시스가 살았던 시대가 중첩되고 이 둘이 살았던 지역도 지리적으로 가까웠다. 호모 플로레시엔시스의 치아 형태가 오스트랄로피테쿠스나 호모 하빌리스보다 자바 원인과 닮았다는 것이 확인된 것도 이 주장을 뒷받침한다.

더욱 결정적인 증거는 같은 플로레스섬에서 더 오래된 인류의 화석이 발견되었다는 것이다. 약 70만 년 전의 치아와 턱의 화석으로서, 자바 원인의 것과 닮았지만 구조적으로 호모 플로레시엔시스와 공통되는 면도 있었다. 그리고 크기는 호모 플로레시엔시스처럼 작았다. 즉, 그들의 형태는 자바 원인과 호모 플로레시엔시스의 중간 쯤으로, 자바 원인의 자손이자 과거 호모 플로레시엔시스의 조상일 것으로 생각된다. 이 발견으로 호모 플로레시엔시스는 '원래부터 작았다'는 가설은 기각되고 '큰 인류가 작아졌다'는 가설이 설득력 있다고 봐도 좋을 듯하다.

왜 작아졌을까

그렇다면 호모 플로레시엔시스는 왜 작아진 것일까? 자바섬 바로 동쪽에는 발리섬이 있고 그 동쪽에는 롬복섬이 있다. 플로레스섬은 롬복섬의 동쪽에 있다. 이들 섬은 현재 바다로 분리되어 있으나 빙하기로 인해 해수면이 낮아졌을 때는 육지로 이어져 있었다. 그러면 자바섬과 발리섬은 대륙과 이어지기 때문에 다양한 동물이 걸어서 이동할 수 있었다. 자바 원인도 그렇게 자바섬으로 갔을 것이다.

그러나 발리섬과 롬복섬 사이에 있는 롬복 해협은 깊이가 1000미터 이상이며 빙하기 때에 해수면이 낮아져도 이어지지 않는다. 이 롬복 해협이라는 지리적인 장벽 때문에 해협의 양쪽에 사는 생물의 종은 큰 차이를 보인다. 월리스 선

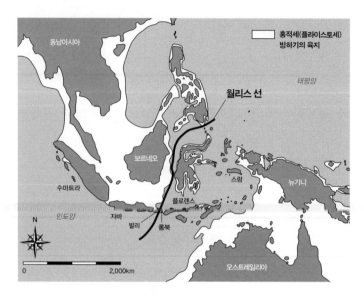

그림 16
모험 표본 수집가 알프레드 월리스의 발견에 따라 이름 붙여진 월리스 선의 위치.
《호모 플로레시엔시스》(NHK출판, 2008년) 자료를 수정.

Wallace Line이라고 불리는 이 경계는 생물 지리의 구역을 둘로 나눈다. 플로레스섬은 이 월리스 선보다 동쪽에 있어서 대륙과의 사이에 동물의 왕래가 거의 없어 고립된 환경이다.

이렇게 고립된 섬에서는 종종 큰 동물이 소형화하거나 작은 동물이 대형화하는 일이 있으며 이런 현상을 도서화島嶼化라고 부른다. 섬에서는 식재료가 적어서 대형 동물의 경우 큰 개체가 불리해진다. 그러나 소형 동물의 경우는 원래

　　　　　3부 호모 사피엔스는 현재 진행 중

먹는 양이 적어서 큰 개체라도 그렇게까지 불리하지 않다.

또 섬에 포식자가 없으면 대형 동물은 무리해서 몸을 키울 필요가 없어진다. 큰 몸은 포식자에 대한 방어가 되지만 몸을 유지하기 위해서는 많이 먹어야 한다. 한편 포식자가 있을 경우 소형 동물은 큰 개체부터 잡아먹힌다. 큰 개체 쪽이 눈에 띄기 쉽고 고기도 많기 때문이다. 그러나 포식자가 없으면 몸을 크게 만들 수 있고 그쪽이 동종 내의 경쟁에도 유리하다.

이 설명은 그럴듯하게 들리지만, 도서화에는 예외가 많아서 반드시 적용되는 법칙은 아니다. 그러나 도서화로 잘 설명되는 예도 적지 않다. 예를 들면 코끼리가 그렇다. 코끼리가 도서화에 의해 소형화된 사례는 세계 여러 곳에 있다. 코끼리는 몸이 크고 수영 실력이 뛰어나기 때문에 작은 섬으로 이동 가능한 경우가 많아서 그럴 것이다.

그리고 플로레스섬의 동물도 도서화의 사례에 잘 적용된다. 쥐와 황샛과의 물새인 무수리의 몸집은 커진 반면, 코끼리와 인류는 작아졌다. 왠지 유원지 같은 불가사의함이 느껴지는 섬이다.

약 100만 년 전에 월리스 선을 넘은 자바 원인이 플로레스섬에 도착했다. 어떻게 바다를 건넜는지는 알 수 없다. 어쩌면 바다를 떠다니는 나무 등을 타고 우연히 도착했을 수도 있다. 자바 원인은 온난하고 포식자가 없는 플로레스섬에서 유유자적하게 살았고 뇌와 몸이 작아도 사는 데 지장이 없었다. 그러나 먹을 수 있는 동식물이 그다지 많지 않아서 음식이 부족했을 것이다. 이때 몸이 큰 개체나 많은 에너지를 소비하는 뇌가 큰 개체는 생존이 불리해진다. 그리고 조금씩 몸과 뇌가 큰 개체부터 죽어 갔고 늦어도 약 70만 년 전에는 덩치가 작은 인류로 진화한 것으로 보인다.

그러나 호모 플로레시엔시스는 약 5만 년 전에 멸종하고 말았다. 왜 멸종했는지는 모른다. 다만 호모 사피엔스가 약 6만 5000년 전에 호주에 도착했다는 점이 마음에 걸린다. 그리고 약 4만 5000년 전에는 호주의 많은 동물이 멸종했다. 물론 호모 사피엔스와 관계없이 호모 플로레시엔시스가 멸종했을지도 모른다. 그러나 호모 플로레시엔시스의 조상은 이미 약 100만 년 전부터 플로레스섬에서 살고 있었다. 이후 95만 년이라는 긴 세월 동안 그곳에 살았고, 호모 사피엔스의 출현과 거의 동시에 멸종하고 말았다.

이것은 우연일까? 답은 알 수 없으나 호모 플로레시엔시스의 멸종과 호모 사피엔스의 출현에는 관련이 있을 가능성이 있다. 생각해 보면 호모 사피엔스는 네안데르탈인을 차치하더라도 예부터 최근까지 많은 생물을 멸종시켜 왔다. 나는 일본에서의 따오기 멸종을 잘 기억하고 있다. 어릴 때 텔레비전에서 자주 다루었기 때문이다. 따오기 외에도 멸종된 생물은 무수히 많다. 모아새, 도도새, 매머드, 마스토돈, 큰나무늘보 등 끝이 없다. 그러니 호모 플로레시엔시스가 그 목록에 들어가지 말라는 보장도 없다.

네안데르탈인과 호모 사피엔스의 교잡

미토콘드리아 이브의 이야기를 할 때 미토콘드리아가 모계 유전을 한다고 말했다. 그런데 미토콘드리아에는 또 하나의 중요한 특징이 있다. 하나의 세포에 몇백 개가 들어 있다는 점이다.

인류의 DNA는 세포 중에서도 핵과 미토콘드리아에 존재한다. 미토콘드리아 DNA는 어머니에게서만 받을 수 있는 반면, 핵 DNA는 어머니와 아버지 양쪽에서 받는다. 따라서 우리는 핵 DNA의 유전자를 두 개씩 갖고 있다. 우리의 세포에 핵은 하나밖에 없지만, 미토콘드리아는 몇백 개나 있다. 따라서 세포 하나에 핵 DNA는 한 쌍밖에 없지만, 미토콘드리아 DNA는 몇백 쌍이 있다는 말이 된다.

화석 내의 DNA를 조사하는 것은 어려운 일이다. 그 이유 가운데 하나는 화석 속에 DNA가 거의 남아 있지 않기 때문이다. 따라서 화석 DNA를 조사할 때는 핵 DNA보다 미토콘드리아 DNA를 살펴보는 게 유리하다. 네안데르탈인의 DNA 해석에서도 먼저 미토콘드리아 DNA가 사용되었다.

미토콘드리아 DNA를 추출해서 염기 서열 분석이 완성됐다는 논문이 1997년에 발표되었다. 그때 네안데르탈인과 호모 사피엔스가 교잡交雜한 증거는 발견되지 않았다. 그러나 기술이 발전하고 화석 속의 핵 DNA를 해석할 수 있게 되면서 놀랄 만한 결과가 보고되었다.

크로아티아는 아드리아해를 사이에 두고 이탈리아 동쪽에 위치한 나라이다. 크로아티아의 빈디야 동굴에서 네안데르탈인의 뼈가 발굴되었다. 그 뼈에서 핵 DNA가 추출되어 염기 서열을 분석할 수 있었고, 2010년에 게놈의 약 60퍼센트가 해독되었다. 그 결과, 네안데르탈인과 호모 사피엔스가 교잡했다는 사실이 밝혀졌다.

네안데르탈인은 현재의 호모 사피엔스 중 아프리카인과는 DNA의 변이를 공유하고 있지 않다. 반면 중국인이나 프랑스인과는 DNA의 변이를 공유하고 있다. 이것은 호모 사피엔스가 아프리카를 떠난 후 네안데르탈인과 교잡했음을 의미한다. 교잡이 일어난 장소는 아마 중동일 것이다. 아프리카인을 제외한 호모 사피엔스 DNA의 약 2퍼센트는 네안데르탈인에게서 온 것이다. 여기에 네안데르탈인뿐만 아니라 약 4만 5000년 전의 호모 사피엔스의 화석에서 나온 DNA의 해석 결과를 추가하면 두 종이 교잡한 시기는 약 6만~5만 년 전쯤으로 추정된다.

조금 의아한 것은 네안데르탈인에서 호모 사피엔스에게로 건네진 DNA 쪽이 호모 사피엔스에서 네안데르탈인에게로 건네진 DNA보다 많다는 점이다. 현생 인류의 경우 대부분 우세한 집단에서 열등한 집단으로 DNA가 이동한다. 그것은 우세한 집단의 남성이 열등한 집단의 여성에게 아이를 낳게 하고 그 아이가 어머니와 함께 열등한 집단에 머무르는 일이 많기 때문이다. 여러 식민지 사례를 통해, 우리는 백인으로부터 노예에게로 유전자가 이동하는 현상을 관찰할 수 있다. 우리는 네안데르탈인보다 호모 사피엔스가 우세했을 것이라 생각하기 쉽다. 호모 사피엔스는 살아남고 네안데르탈인은 멸종했기 때문이다. 하지만 그렇지 않았던 것일까?

아니 처음부터 그런 생각은 할 필요가 없었는지도 모르겠다. 두 집단 사이에서 유전자가 교환된 다음에 한쪽의 집단이 확대되고 다른 한쪽의 집단이 축소된 경우 교환된 유전자는 확대된 집단에 남을 가능성이 크다. 특히 멸종 전인 수천 년 동안 네안데르탈인의 집단은 줄어들었고 고립되었다. 일부 집단에서 호모 사피엔스와 교잡이 행해졌어도 그곳에서 교환된 유전적 변이는 다른 네안데르탈인의 집단으로 전해지지 않았을 것이다.

한편 호모 사피엔스는 인구가 늘고 집단 간 교류도 활발했다. 그렇다면 교환된 유전자 변이도 여러 집단으로 전해져 보존되기 쉬웠다. 네안데르탈인에서 호모 사피엔스에게로 전해진 DNA 쪽이 그 반대로 전해진 DNA보다 많은 것에서 이런 효과가 상당히 주효했다는 것을 확인할 수 있다.

호모 사피엔스가 지닌 고도의 적응력 속 수수께끼

호모 사피엔스와 네안데르탈인 사이에 태어난 아이는 양쪽의 DNA를 절반씩 갖고 있다. 그 아이가 호모 사피엔스의 집단에 남아 살아남았다고 하면 그 아이의 아이는 네안데르탈인의 DNA를 4분의 1만큼 갖게 된다. 이렇게 세대가 거듭되면 네안데르탈인의 DNA는 계속 반감되고 많은 호모 사피엔스의 게놈 중에 무작위로 흩어진다.

그러나 원래 가지고 있던 호모 사피엔스의 유전자보다 새롭게 들어온 네안데르탈인의 유전자 쪽이 유리하다면 이야기는 달라진다. 이 경우 무작위 이상의 확률로 호모 사피엔스의 게놈 속에 확산될 것이기 때문이다.

예를 들면 피부색이나 체모에 관한 유전자는 네안데르탈인에게서 호모 사피엔스로 높은 빈도로 전해졌다. 아마 이것은 추운 환경에 적응하기 위한 유전자일 것이다. 네안데르탈인이 수만 년 동안 진화시켰을 것이다. 앞에서 네안데르탈인이 추운 곳에 적응할 수 있었던 이유로 옷이나 불과 같은 문화의 힘이 컸을 것이라고 말했다. 그러나 팔과 다리가 두꺼워지는 유전적인 한랭지 적응도 어느 정도 효과가 있었을 것이고 진화에서 유리했을 것이다. 이것은 호모 사피엔스에게 매우 고마운 이야기다. 네안데르탈인이 수만 년에 걸쳐 진화시킨 형질을 (잘하면) 단 한 번의 교잡으로 얻을 수 있기 때문이다.

호모 사피엔스는 아프리카를 떠난 이후 다양한 환경에 적응하며 세계로 퍼져 나갔다. 단기간에 다양한 환경에 적응한 것에는 문화적 힘이 컸을 것이다. 그러나 다른 종으로부터 도움이 되는 유전자를 얻는 것 또한 호모 사피엔스의 세계 진출에 도움이 됐을 가능성이 크다.

이것은 네안데르탈인에게만 국한되지 않는다. 호모 사피엔스는 다른 인류와 교잡해서 그 유전자로부터 은혜를 받았을지도 모른다. 시베리아에 있는 데니소바 동굴에서 약 5만~3만 년 전 인류의 치아와 손가락뼈가 발견되었다. 화석이 너무 적어서 이 인류의 형태는 제대로 알 수 없다. 하지만 DNA의 분석을 통해 이 인류가 호모 사피엔스도 네안데르탈인도 아닌 또 다른 인류임이 판명되었다. 그리고 이 데니소바인도 호모 사피엔스와 교잡을 했다.

현재 멜라네시아인의 DNA 가운데 약 5퍼센트는 데니소바인에게서 유래했다. 또 동남아시아의 현대인도 데니소바인의 DNA를 갖고 있어서 실제 교잡은 동남아시아에서 일어난 듯하다. 데니소바인의 화석이 시베리아에서 발견된 것으로 보아 데니소바인은 시베리아와 동남아시아를 걸친 넓은 범위에 분포하고 있었을 것이다. 그리고 호모 사피엔스의 면역 유전자와 티베트인의 고지 적응 유전자가 이 데니소바인에게서 유래했을 가능성이 있다.

그러니까 유전자에 관해서는 호모 사피엔스가 다른 인류로부터 좋은 것을 얻은 셈이다. 그런데 다른 인류에게는 별로 유전자를 전해 주지 않았다. 의도했는지는 모르지만 결국 우리는 이익을 보았다.

15장 ||||||||| 호모 사피엔스, 최후의 종이 되다

피로 얼룩진 인류의 역사

오스트랄로피테쿠스 아프리카누스를 연구한 인류학자 레이먼드 다트는 1949년 그 행동에 관한 논문을 발표했다. 그는 이 논문에서 오스트랄로피테쿠스 아프리카누스의 화석과 함께 발견된 개코원숭이의 두개골이 부서진 것은 오스트랄로피테쿠스가 개코원숭이를 영양의 뼈로 때렸기 때문이라고 주장했다. 직립 이족 보행을 시작한 인류는 자유로워진 손을 활용해 뼈를 무기로 사용하기 시작했다. 그리고 무기를 사용하면서 뇌가 커졌다. 다트는 그렇게 생각했다.

그 이후 오스트랄로피테쿠스의 두개골에 무기로 얻어 맞은 듯한 흔적이 발견되자 다트는 주장을 강화했다. 그것은 오스트랄로피테쿠스끼리 싸운 결과라고 주장했다. 인류는 진화 초기에 동료와의 싸움에서 무기를 사용하기 시작했다는 것이 그의 주장이었다.

동물 행동학의 업적으로 노벨상을 받은 콘라트 로렌츠 (1903~1989)는 다트의 생각을 더욱 발전시켰다. 동물은 억제하기 힘든 충동에 따라 동료를 공격한다. 그것은 인간에게도 해당한다. 그러나 동물은 공격 행동을 억제하는 장치를 진화시켰다. 예를 들면 상대에게 자기의 복부 등 약한 부분을 드러내면 상대는 더 공격하지 않는다. 하지만 인간은 단기간에 무기를 발달시켰기 때문에 공격을 억제할 장치를 진화시키지 못했다. 그래서 인간은 전쟁과 같은 이상한 살육을 저지른다. 이것이 로렌츠의 주장이었다.

이처럼 인류 역사가 이른바 '피로 얼룩진 역사'라는 생각은 오늘날 오류로 판명 났다. 애초에 오스트랄로피테쿠스의 화석에 대한 다트의 해석이 틀렸던 것이다. 화석이 부서진 것은 표범의 공격을 받았거나 무너진 동굴 잔해에 의한 것이었다. 게다가 오스트랄로피테쿠스는 기본적으로 육식을 하지 않는 채식주의자였다.

그림 17
〈2001: 스페이스 오디세이〉의 첫 장면. 뼈를 무기로 사용한 원인이 인류의 조상으로 묘사된다. ⓒ Moviestore Collection Ltd /Alamy Stock Photo

수렵과 동료에 대한 공격을 결부시키는 생각도 별로 신빙성이 없다. 포유류를 대상으로 동종 개체에 대한 살해 비율을 조사한 연구가 있다. 여기서 인류가 보인 결과값이 급격하게 올라간 시점은 농경이 시작된 이후의 일이다. 생각해 보면 수렵으로 생활하는 동료를 살해하면 얻는 것이 별로 없다. 그러나 농경을 시작하면 식량이나 재산이 많은 동료가 나타난다. 그런 동료를 살해하면 얻는 것이 클 것이다.

인류가 탄생한 것은 약 700만 년 전이고 우리 호모 사피엔스가 출현한 것은 약 30만 년 전의 일이다. 그와 비교하면 농경이 시작된 것은 약 1만 년 전으로 아주 최근의 일이다. 전쟁이 일어난 증거가 발견된 것도 농경이 시작된 이후의 일이다. 전쟁이 시작된 것에는 인구의 증가도 큰 영향을 미쳤을 것이다.

그러나 다트나 로렌츠의 생각에 근거가 없다는 것이 밝혀진 이후에도 인류의 '피로 얼룩진 역사'라는 이미지는 사람들의 마음속 깊이 각인되었다. 영화 〈2001: 스페이스 오디세이〉의 첫 장면은 바로 이런 이미지를 토대로 만든 것이다. 원인이 뼈를 휘두르는 장면은 매우 인상적이다. 그러나 그것은 영화 속 이야기일 뿐 사실은 그렇지 않다.

호모 사피엔스만이 살아남았다

약 5만 년 전, 호모 플로레시엔시스가 멸종했다. 약 4만 년 전에는 네안데르탈인이 멸종했다. 그 전후로 데니소바인도 멸종했다. 그리고 현재 살아남은 인류는 우리 호모 사피엔스뿐이다. 만약 우리가 다른 인류를 학살한 것이 아니라면 모두 어떻게 멸종하고 만 것일까?

우리는 지능이 뛰어난 쪽이 승리한다는 뿌리 깊은 편견을 갖고 있다. 분명 다른 인류보다 우리의 머리가 더 좋았을 수 있다. 그리고 그것이 네안데르탈인을 살펴보면서 말한

3부 호모 사피엔스는 현재 진행 중

것처럼 우리가 살아남은 이유들 중 하나가 될 수도 있다. 인류는 예전부터 협력적인 사회관계를 발전시켜 왔다. 특히 호모 사피엔스는 고도로 뛰어난 언어를 발달시켰고 그를 통해 이전의 인류보다 훨씬 뛰어난 사회를 발전시킬 수 있었다. 그런 사회를 만들 수 있다면 다른 인류보다 훨씬 유리해진다. 그렇지만 과연 그뿐일까?

이미 살펴본 것처럼, 결국 생물의 생존과 멸종은 자손의 규모에 달려 있다. 따라서 그 원인이 무엇이었든 네안데르탈인의 아이들 수보다 우리 아이들의 수가 많았던 것은 틀림없는 사실이다. 아이를 낳을 수 있는 여성이 많았을 수도 있고 태어난 아이가 많이 죽지 않았을 수도 있다. 하지만 그보다는 한 명의 여성이 많은 아이를 낳았을 가능성이 크다. 그렇다면 그 결과는 어떻게 될까?

여기서 중요한 것은 우리가 어디서든 생존할 수 있는 생물이라는 점이다. 추워도 더워도 우리는 태연하게 살 수 있다. 의복과 같은 문화적인 궁리도 도움이 되었을 것이다. 지구는 넓지만, 그 크기는 유한하다. 유한한 지구에서 계속 인구를 늘려 가기 위해서는 여러 환경에서 견디며 살 수 있어야 했다.

구소련의 생태학자인 게오르기 가우제(1910~1986)는

'동일한 생태적 지위를 점한 두 종은 동일한 장소에서 공존할 수 없다'라는 가우제 법칙을 증명했다. 두 종의 짚신벌레를 유리관에 넣으면 늘 한 종만 살아남는다. 그리고 유리관 속의 조건을 바꾸면 살아남는 종은 바뀐다.

지구의 크기는 유리관에 비하면 훨씬 크지만, 인류의 개체수가 증가함에 따라 지구의 크기는 상대적으로 작아졌다. 어쩌면 호모 사피엔스와 네안데르탈인은 공존할 수 없는 운명이었을지도 모른다. 당시의 환경에 따라 살아남은 종이 교체되었던 것일지도 모른다. 만약 짚신벌레였다면 조건에 잘 맞는 쪽이 계속 번식해서 살아남았을 테니까.

현재 많은 야생 생물이 멸종 위기에 처해 있다. 그중에는 밀렵 등에 의한 직접적인 살해로 인해 멸종의 위기에 놓인 생물도 있다. 하지만 훨씬 많은 생물들이 인간에게 서식지를 빼앗겨 멸종했다. 호모 사피엔스의 수가 늘면 그만큼 유한한 지구에서 살아갈 수 있는 생물의 양이 줄어든다. 아무리 다정한 마음을 갖고 있다 하더라도 그것은 변하지 않는 진리다.

야생 생물에 대한 다정한 기분을 갖는다고 해도 자기도 모르는 사이에 자연 파괴를 돕고 있는 사람도 많다. 나 또한 그럴 가능성이 크다. 그리고 이 책을 읽고 있는 당신도 마찬가지다. 어쩌면 네안데르탈인이 멸종했을 때의 호모 사피엔스 또한 그랬을지 모른다. 호모 사피엔스의 수가 늘어난다는 것은 지구가 상대적으로 좁아진다는 것을 뜻한다. 의자놀이처럼 한 사람이 의자에 앉으면 다른 한 사람은 앉을 수 없게 된다.

만약 호모 사피엔스가 여러 가지 점에서 네안데르탈인보다 열등했다고 해도 호모 사피엔스 쪽이 많은 아이를 낳고 많이 성장시킨다면 네안데르탈인은 멸종할 수밖에 없다. 따라서 호모 사피엔스 쪽이 머리가 좋았든 나빴든 호모 사피엔스의 인구가 증가하지 않았다면 현재 네안데르탈인이 살아남았을 수도 있을 것이다.

바닥에 피운 불이 히터가 되고 동굴이 번듯한 집으로 바뀌는 동안 네안데르탈인이 자연스럽게 당신의 이웃이 되었을지도 모를 일이다. 말이 조금 서툴어도 웃으며 인사를 해 주는 다정한 이웃, 계산은 잘 못하지만 때때로 당신이 생각하지도 못했던 멋진 능력을 보여 주는 이웃 말이다. 그 이웃이 아이를 안고 있다. 당신은 아이의 큰 머리를 보고 그에게 말을 건다.

"여섯 살 정도 되었나요?"

그러자 네안데르탈인 이웃이 대답한다.

"아니요. 이제 두 살이에요."

거기서 당신은 생각한다. 아참, 네안데르탈인의 뇌는 우리 뇌보다 컸지.

3부 호모 사피엔스는 현재 진행 중

나는 아무것도 만들 줄 모른다. 지금 눈앞에 있는 컴퓨터는 물론이고 책상, 노트, 옷도 만들 줄 모른다. 생각해 보면 주변에 처음부터 끝까지 나 혼자서 만들 수 있는 물건이 하나도 없다. 당신도 혼자서는 아무것도 만들지 못할 것이다. 어쩌면 옷 정도는 만들 수 있을지도 모르겠다. 하지만 바늘이나 실, 가위, 옷감, 염료까지 만들 수 있을까?

아무리 해도 혼자서는 만들 수 없는 물건이 세상에 넘쳐난다는 사실이 나에게는 어려서부터 수수께끼였다. 그 수수께끼는 내가 어른이 된 다음에야 조금씩 풀려 갔다. 지금 당신이 읽은 이 책도 나는 만들 수 없다. 만들 수는 없어도 문장은 내가 썼다. 나는 종이를 만들거나 인쇄하거나 제본하는 것은 할 수 없어도 이 책의 제작에 일부분 참여했다. 이 책을 혼자서 만들 수는 없다. 두 명이서 책을 만들 수도 없다. 아마 이 책의 제작에는 몇백, 어쩌면 수천 명의 사람이 관여했을 것이다. 이처럼 많은 사람이 힘을 합치는 것이 인류의 특징이다.

어처구니가 없을 정도로 인류는 혼자서는 아무것도 가질 수 없다. 그것은 오래전부터 그랬다. 육식 동물 같은 적을 만났을 때 보통의 동물이라면 세 가지 방법으로 대처할 수 있다. 싸우던가, 도망치던가, 숨던가. 그렇지만 우리는 싸움에 도움이 되는 엄니가 없고 도망치기 위해 빠르게 달릴 수도 없다. 그리고 초원에서 살고 있다면 올라서 도망칠 수 있는 나무도 없다. 그럼에도 살아남았을 수 있었던 것은 모두가 힘을 모았기 때문이다. 분명 우리는 조금 머리가 좋을지도 모르겠다. 그렇지만 홀로 생각해 내는 것은 한계가 있다.

우리는 사자와 1대 1로 싸우면 승산이 없다. "나는 너보다 머리가 좋아. 그림도 그릴 줄 알고 계산도 할 줄 알아. 그런 내가 너에게 잡아먹힌다고?" 하며 외쳐 보라. 사람은 잡아먹히게 된다. 그렇지만 100대 100이라면 어떻게 될까?

사자는 1마리가 100마리가 되면 힘이 100배로 늘어난다. 그렇지만 인간은 1명이 100명이 되면 힘이 200배나 300배, 아니 1000배로 늘어날지도 모른다. 혼자서는 아무리 애를 써도 부러뜨릴 수 없는 나무라도 열 명이 힘을 합치면 부러뜨릴 수 있다. 1에 1을 더한 값이 2보다 커진다. 협력이란 그런 것이다.

이런 협력 관계의 배경에 있는 것이 직립 이족 보행이다. 너무 불편해서 이제까지 지구에 사는 그 어떤 종도 진화시키지 않았던 직립 이족 보행을 우리는 진화시켰다. 직립 이족 보행이 먹을 것을 운반하는 것과 관련해서 진화한 것이라면 이것은 고도의 협력 관계의 토대가 되었을 것이다. 그리고 일단 진화를 하고 나니 결과적으로 직립 이족 보행은 다양한 측면에서 장점이 되었다. 큰 뇌를 아래쪽에서 균형 있게 지탱할 수 있게 된 것도 직립 이족 보행과 잘 맞았기 때문이다.

그렇지만 뇌 크기의 진화는 이제 끝에 다다른 듯하다. 네안데르탈인은 우리보다 뇌가 컸고 과거 호모 사피엔스도 현재의 우리보다 뇌가 컸다. 수만 년 전에 뇌의 크기는 정점에 이르렀고 지금은 내리막길로 향하는 듯 보인다. 사용하지 않는 유료 앱을 조금 정리할 시기인지도 모르겠다.

여하튼 우리는 지금 여기에 있다. 다른 인류는 모두 사라지고 한 종만 살아남았다. 앞으로도 진화의 역사는 계속될 것이다. 1만 년 후 우리는 어떻게 될까? 다른 행성으로 이주한 집단이 다른 종의 인류로 진화할지도 모른다. 생각하는 것을 AI에게 맡기고 인류는 뇌의 크기를 줄일지도 모른다. 어쩌면 그 AI에게 멸종될지도 모른다. 물론, 그런 미래는 오지 않을 것이라 믿고 싶지만.

마지막으로 많은 조언을 해 준 NHK출판의 기타야마 다케시, 그 외에 이 책을 좋은 방향으로 이끌어 준 많은 사람, 그리고 무엇보다 이 문장을 읽고 있는 독자 여러분에게 깊은 감사를 전한다.